基层级计量技术机构考核系列教程

# 实验室质量管理体系文件编写指南及范例

主　编　程延礼　黄运来　温文博

副主编　陈　壮　万云儿　严砚华

参　编　柏　航　展子静　庞　莉　龚贻昊　白江坡　赖　平
　　　　徐新文　杜　晗　李佳凯　杨天顺　朱　禛

武汉大学出版社

**图书在版编目(CIP)数据**

实验室质量管理体系文件编写指南及范例/程延礼,黄运来,温文博主编;陈壮,万云儿,严砚华副主编.—武汉:武汉大学出版社,2022.10(2023.8重印)

基层级计量技术机构考核系列教程

ISBN 978-7-307-23324-9

Ⅰ.实… Ⅱ.①程… ②黄… ③温… ④陈… ⑤万… ⑥严…
Ⅲ.实验室管理—质量管理—管理体系—文件管理—中国—指南 Ⅳ.N33-62

中国版本图书馆 CIP 数据核字(2022)第 177626 号

责任编辑:杨晓露　　　责任校对:汪欣怡　　　版式设计:马　佳

出版发行:**武汉大学出版社**　　(430072　武昌　珞珈山)

(电子邮箱:cbs22@whu.edu.cn　网址:www.wdp.com.cn)

印刷:武汉图物印刷有限公司

开本:787×1092　1/16　印张:15　字数:353 千字　插页:1

版次:2022 年 10 月第 1 版　　2023 年 8 月第 2 次印刷

ISBN 978-7-307-23324-9　　定价:59.00 元

# 前　言

本书用于指导基层级计量技术机构编写质量管理体系文件。基层级计量技术机构（下文简称基层站），是指在量值传递链路中，直接开展工作用计量器具检定或校准的计量技术机构。基层站主要承担本单位内部重要通用测试设备的周期计量、修复后计量等工作，是计量保障体系中紧贴一线的机构，承担的计量任务繁重，确保了单位内部设备量值的准确可靠。

基层级计量技术机构应建立质量管理体系。质量管理体系文件是质量管理体系的载体，是质量管理体系建立和运行的基础。本书以《测试实验室和校准实验室通用要求》为依据编写了适用于基层站的质量管理体系文件实例，内容全面，是笔者多年从事质量管理体系运行工作经验的总结，充分考虑了基层站计量管理工作的特点，具有较强的可操作性与实用性，对基层站提高计量管理能力，建立质量管理体系有较大帮助。本书可作为基层站计量管理培训专用教材，也可作为实验室认可从业人员的参考书，还可供高等院校计量与检测专业教学参考。

本书是在编写组全体同仁的共同努力下完成的。程延礼完成了第三章、第四章、第七章的撰写；黄运来完成了第一章、第二章的撰写；温文博完成了第六章的撰写；万云儿完成了第五章的撰写，并制作了本书的插图与表格；陈壮完成了第八章的撰写；严砚华完成了第九章的撰写。另外，龚贻昊等同志对全书进行了校对；柏航对全书内容进行了初审；5701 工厂的庞莉和中国电子科技集团公司第四十一研究所的展子静对全书内容进行了复审并提出了宝贵意见，张静静制作了本书的课件。感谢大家的辛苦付出！

在本书完稿之际，还要感谢武汉大学出版社的编辑杨晓露，在您的悉心指导与帮助下，本书才能得以顺利出版。

由于笔者水平有限，书中难免存在错漏之处，在此真诚地希望广大读者提出宝贵的意见，便于再版时加以改进。

# 目　录

## 第一编　基础知识

## 第二编　质量管理体系文件编写实例

## 第三编　质量管理体系文件编写实例使用指南

# 第一编 基础知识

第一编分为三章。

第一章为计量概述。本章主要讨论计量与计量保障体系概况、基层级计量技术机构的作用与特点。

第二章为实验室认可概述。本章主要介绍实验室认可概念、发展历程和作用，讨论了基层级计量技术机构开展实验室认可的意义。

第三章为实验室认可准则要点。本章介绍了实验室认可准则《测试实验室和校准实验室通用要求》的管理要求和技术要求。

# 第一章 计 量 概 述

## 第一节 计量与计量保障体系

### 一、计量与计量学

计量是确保单位统一、量值准确可靠的活动。计量学是研究测量、保证测量统一和准确的科学。

### 二、计量工作的基本内容

计量工作分为计量管理工作和计量技术工作。

**1. 计量管理工作**

计量管理工作的主要内容包括：

(1)计量法规体系的建设与实施；

(2)计量机构的建设与管理；

(3)测量标准配备及溯源体系的建立、运行与管理；

(4)计量人员的培训与考核；

(5)计量保障体系的管理与监督等。

**2. 计量技术工作**

计量技术工作按照被测量的不同划分为十大计量专业，包括：几何量计量、热学计量、力学计量、电磁学计量、无线电计量、时间频率计量、电离辐射计量、光学计量、声学计量、化学计量。

计量技术工作的主要内容包括：

(1)测量标准装置和测试系统的建立、保存与使用；

(2)设备性能测量研究及检测设备的检定与校准；

(3)检定规程、校准规范和测试方法的研究与制定；

(4)测量结果及测量不确定度的分析与研究等。

### 三、计量保障体系

**1. 计量保障体系**

计量保障体系是指为完成计量确认并持续控制测量过程所必需的一组相互关联或相互作用的要素。

计量保障体系也可称为计量保证体系，在具体实践中的体现为：对一定范围内的具有计量特性的设备，按照明确的规范或要求，周期性地开展检定、校准或测试，确保相应设备量值准确、性能可靠。

计量保障体系建设的关键点：一是确定保障的范围，例如某企业建立内部计量保证体系；二是确定保障的规范，目前国家层面已建立计量法规体系，各地区和企业可根据实际情况，对国家计量法规体系加以完善；三是通过管理手段，确保范围内的设备能及时进行检定、校准或测试；四是确保所开展的检定、校准或测试工作是准确可靠的，能溯源至国家最高标准。

**2. 我国计量法规体系**

我国建立了三层级计量法规体系，第一层级为法律，即《中华人民共和国计量法》；第二层级可分为国家计量行政法规与国家计量技术规范；第三层级为地方性计量规章、部门规章、地方性计量技术法规、部门计量技术法规等。

我国计量法规体系的具体情况如下：

第一层级：计量法律1部，即《中华人民共和国计量法》。

第二层级：（1）国家计量行政法规8部，包括国务院制定或批准的《中华人民共和国计量法实施细则》《中华人民共和国进口计量器具监督管理办法》等。（2）国家计量技术规范3000余份，包括《中华人民共和国国家计量检定系统表》94份、计量检定规程约3000份、计量技术规范约300份。

第三层级：（1）地方性计量规章30部，由省、自治区、直辖市人民代表大会或其常务委员会制定，例如《上海市计量监督管理条例》《浙江省计量监督管理条例》等。（2）部门规章20部，是由原国家计量局、原国家质量监督检验检疫总局制定的有关计量的部门规章，例如《中华人民共和国计量法条文解释》《计量基准管理办法》《计量标准考核办法》《制造、修理计量器具许可监督管理办法》等。（3）地方性计量技术法规，由省级质量技术监督局发布，例如JJG（浙）120—2011《水泥安定性试验用沸煮箱》、JJG（粤）047—2017《数字温湿度计检定规程》等。（4）部门计量技术法规，由中国航天工业总公司、国防科工局发布，例如JJG 6—1999《直流稳压电源检定规程》、JJG 152—2018《压电式压力传感器检定规程》等。

**3. 部门计量保障体系**

部门计量保障体系是指国务院相关部门范围内的计量保障体系，如铁道部计量保障体系、航天部计量保障体系等。其在职能上有两个作用，一是规划本部门内计量保障工作的发展；二是监督本部门内计量保障工作的落实。部门计量保障体系具有更强的专业性，通常是十大计量专业的融合，具有典型的部门技术特点。

**4. 地方计量保障体系**

地方计量保障体系是指省级行政区划范围内的计量保障体系，是国家计量保障体系的一部分，是国家计量保障体系逐步向省、市、县的延伸，是计量基准量值传递到人民生活方方面面的必经之路。地方计量保障体系也是国家计量保障体系的补充，某些项目国家未发布技术法规，各省可根据工作需要自行编写地方检定规程或校准规范，用于本地区内的检定或校准工作。

# 第二节　基层级计量技术机构

## 一、基层级计量技术机构的定义

基层级计量技术机构(下文简称基层站)是指在量值传递链路中，直接开展工作用计量器具检定或校准的计量技术机构，如图1-1所示。

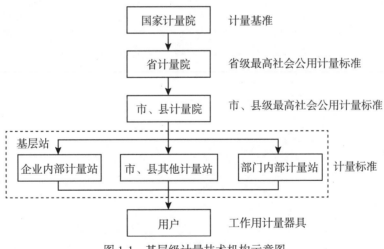

图1-1　基层级计量技术机构示意图

## 二、基层站的作用

基层站事实上是计量保障体系的支撑力量，基层站所建立的计量标准都是针对用户使用量与使用频率最高的设备，如数字多用表、扭矩扳子、压力表、千分表等。基层站对确保用户设备量值准确可靠发挥了巨大的作用。

基层站中的企业内部计量站，可随时对本单位设备进行计量，能解决常用通用测量设备日常性能检测、修复后计量、外场计量保障等任务。同时基层站还能担负本单位设备和检测设备的计量管理任务，如当本单位有设备须外送地方计量站时，基层站负责联系与设备交接等工作。

### 三、基层站的特点

基层站在计量保障体系中的作用非常重要，具有以下典型特点：

（1）组织规模方面：基层站的组织规模通常比较小，有时甚至会安排人员兼职其他工作；

（2）人员数量方面：基层站人员较少，3~5人即可组织开展工作；

（3）测量标准配备方面：基层站测量标准配备通常是本单位使用量大、使用频率高的通用测量设备，测量标准数量4~6项；

（4）工作任务方面：基层站的工作主要是计量保障，任务较为饱满；

（5）质量管理体系建设方面：基层站的计量保障任务，从总体来看任务来源、保障对象、计量项目都较为单纯，其质量管理体系建设也相对简单。

# 第二章　实验室认可概述

## 第一节　实验室认可概述

### 一、实验室认可的定义

实验室认可，是由权威性机构依据国际通行的实验室认可标准，对各类测试实验室和校准实验室进行评审和正式承认的活动，即按照规定的标准和程序对实验室的质量管理体系进行审核，对其技术能力进行评定，并对通过评审的实验室资格和能力给予认可和注册。获得认可资格的实验室在认可的技术能力范围内开展测试和校准工作。

在实验室认可活动中，确定实验室的技术能力范围是保证实验室测试和校准服务质量的重要方面。为了实施对实验室技术能力的评定和认可，通常的国际惯例是，认可机构以该国或该地区的专业校准实验室或主导测试实验室为后盾，对特定专业的测试实验室或校准实验室的技术能力实施评审和监督；也可以依靠本国某行业的技术专家组织，来对实验室的技术能力水平做出正确判断。

### 二、实验室认可的发展

#### 1. 国际实验室认可的起源与发展

实验室认可起源于澳大利亚。1947 年，澳大利亚成立澳大利亚国家检测机构协会，该协会成为世界上最早的实验室认可机构。此后，英国、丹麦、美国、法国等欧美国家也相继建立了权威性的认可组织。到 20 世纪 70 年代，世界各国实验室认可组织迅速发展，使建立实验室认可国际标准已具备条件。

1977 年，首届国际实验室认可大会（简称 ILAC）在丹麦哥本哈根举行。1996 年，ILAC 正式更名为国际实验室认可合作组织（简称仍为 ILAC），成为实验室认可永久性国际组织，常设"联络委员会"，开展与其他国际组织、各国家认可机构的合作和联络工作。

#### 2. 我国实验室认可的起步与发展

我国实验室认可活动始于 1983 年，原国家进出口商品检验局会同原机械工业部实施机床工具出口产品质量许可制度，对承担该类产品检测任务的 5 个检测实验室进行了能力评定；1986 年，通过原国家经济管理委员会授权，原国家标准局开展对检测实验室的审查认可工作，同时原国家计量局依据《中华人民共和国计量法》对全国的产品质检机构开展计量认证工作；1994年，原国家质量技术监督局成立了"中国实验室国家认可委员会"（CNACL），并依据ISO/IEC指南58:1993运作；1989年，原国家进出口商品检验局成立了"中国进出口商品检验实验室认证管理委员会"，1996年改组成立了"中国国家进出口商品检验实验室认可委员会"，2000年8月更名为"中国国家出入境检验检疫实验室认可委员会"（CCIBLAC）。

1999年，CNACL通过了APLAC（亚太实验室认可合作组织）同行评审；2001年，CCIBLAC也通过了APLAC同行评审，均签署了《亚太实验室认可合作组织相互承认协议》。随着我国改革开放的深入与经济实力的增强，我国的进出口贸易总额有了快速增长，实验室认可工作也需要有进一步的提高，其发展方向要与国际同步。2002年7月4日，CNACL和CCIBLAC合并成立了"中国实验室国家认可委员会"（CNAL），实现了我国统一的实验室认可体系。2006年3月31日，为了进一步整合资源，发挥整体优势，国家认证认可监督管理委员会将CNAL和中国认证机构国家认可委员会（CNAB）合并，成立了"中国合格评定国家认可委员会"（CNAS）。至此，我国的实验室认可工作进入了新的发展阶段。

**3. 实验室认可的依据**

目前，国际上采用的实验室认可标准为ISO/IEC 17025:2017《检测和校准实验室能力的通用要求》。我国发布了与ISO/IEC 17025:2017等同的国家标准GB/T 27025—2019《检测和校准实验室能力的通用要求》。

三、实验室认可的意义

实验室认可是适应国际贸易发展的需要而产生的，随之产生的区域性国际性实验室认可组织推进了实验室认可的发展，实验室认可的意义主要包括以下几个方面：

**1. 对经济全球化的意义**

在经济全球化的趋势下，实验室认可的国际互认，统一了度量的基准。通过认可的实验室出具的校准和测试报告，可以在国际上得到认可，清除了国与国之间关于测量基准的障碍。

**2. 对国际贸易的意义**

（1）实验室认可在国际上统一了贸易的度量基准，有利于客户正确认识产品的性能、质量；

（2）在重视产品质量的大环境中，通过认可的实验室对产品出具校准和测试报告，是对产品质量的肯定，能提高产品在国际上的竞争力；

（3）校准测试形成了一种技术壁垒或竞争策略，未经认可的实验室及其校准或测试的结果将被排除在获得承认的行列之外。

### 3. 对政府管理部门的意义

（1）政府部门在履行规范市场行为、保护消费者健康与安全等职能时，通过实验室认可，可以确保各类实验室能按照统一的标准进行能力评价；

（2）在司法鉴定、计量仲裁等事关政府权威性与公正性的活动中，实验室认可工作能保证相关数据的有效性和正确性。

### 4. 对实验室自身的意义

（1）实验室认可是对实验室自身能力的一种肯定，目前在计量、检测、实验的市场上，通过实验室认可基本上已成为参与竞争的最低要求；

（2）通过认可的实验室，通过质量管理体系实现持续改进，可不断提高实验室的管理水平和人员素质，提升实验室自身的竞争力。

## 四、基层站开展实验室认可的意义

作为专业计量保障体系中最贴近一线的机构，基层站发挥着不可替代的作用。一方面，基层站所担负的压力表、扭矩扳子等通用测量设备的检定工作，能直接影响到生产工作一线安全；另一方面，部分基层站还担负着本单位内部检测设备的计量管理、信息统计等工作。由此可见，对基层站开展实验室认可能有效提升基层站的技术能力与管理水平，意义重大，主要表现在以下几个方面。

### 1. 加速基层站条件建设

在基层站开展实验室认可工作，能有效加速基层站条件建设。一直以来，基层站的建设面临着工作场所不足、人员流失严重、硬件建设不达标的困境。通过参加实验室认可，能加强领导对基层站建设的重视程度，解决基层站建设所面临的困难，在资金、人员、条件建设等方面，提高基层站建设水平。

### 2. 提高基层站管理水平

在基层站开展实验室认可工作，可以促进实验室质量管理体系的建设。通过有经验的评审员和技术专家的评审，将实验室质量管理体系的实施情况与标准的要求相比较，从外部为实验室质量管理体系的建立与完善提供有价值的信息，促进实验室质量管理体系的建设。

### 3. 提高基层站技术能力

在基层站开展实验室认可工作，要检查和抽测实验室申报的测试或校准项目，评定实验室的技术能力。这对基层站全体人员而言是一次大考，通过实验室认可，是对基层站计量技术能力的肯定。

**4. 提升基层站保障质量**

实验室是确保设备性能符合要求的重要技术支持和保障，实验室认可，可以确保基层站技术能力与管理能力满足要求，规范基层站在人、机、法、料、环、测等重要质量环节的工作流程，确保其计量数据和结果准确有效、公正可靠，强化基层站对计量工作质量的技术支持和保障作用。

# 第二节　实验室认可的实施流程

实验室认可是对实验室质量管理体系和技术能力进行评价和权威性的承认，是确认实验室质量管理体系与技术能力是否符合实验室认可准则和相关技术标准的要求。主要流程包括申请阶段、材料审核阶段、现场评审阶段、审批发布与监督检查阶段。

**1. 申请阶段**

实验室按要求正式提出申请时，根据承担实验室工作任务的能力范围、人员、设备和设施、环境条件等，确定申请认可的范围。对于实验室实际情况，相关材料应按要求填写，申报材料内容、范围和数量应齐全、完整。被考核计量技术机构应向上级计量管理机构上报《计量技术机构考核表》、《计量测量标准考核表》、《计量测量标准建标报告》、质量管理体系文件等考核材料。

上级计量管理机构收到认可申请后，成立审核专家组，并指定评审组长。

**2. 材料审核阶段**

材料审核由评审组长（或评审员）依据实验室认可准则的要求，对被考核计量技术机构的考核材料进行初审，主要审核质量管理体系文件与实验室认可准则的符合性，如有不符合要求的情况，评审组长以书面形式通知实验室在规定期限内整改。实验室若能有效整改，方可安排现场评审；若未能在规定的期限内完成整改，则材料审核不予通过。

**3. 现场评审阶段**

现场评审是在被考核计量技术机构的现场，对实验室的管理能力和技术能力进行现场考核。现场评审的主要内容包括：质量管理体系文件的完整性与合理性、质量管理体系与申请认可范围的一致性、质量管理体系运行的有效性、确定计量技术能力是否符合要求。

现场评审过程会对被考核计量技术机构质量管理体系运行情况与计量技术能力进行评价，若现场评审过程中出现了与实验室认可准则严重不符合的情况，则现场评审中止，现场评审结论为不通过；若只有一般不符合项，则由考核组出具不符合情况报告与考核结论，要求实验室在规定的期限内采取有效的纠正措施。

**4. 审批发布与监督检查阶段**

被考核计量技术机构在规定期限内完成不符合项整改后，将纠正措施与整改情况以书面形式提交给评审组，经审核组专家认可后，由评审组向上级计量管理机构推荐认可注册，发放"计量技术机构合格证书"。

实验室认可资质在有效期内的都要进行监督检查。如出现暂停或撤销认可资质，则需重新申请认可。

# 第三章 实验室认可准则要点解读

本书所采用的实验室认可准则为《测试实验室和校准实验室通用要求》。从总体上看，主要分为管理要求与技术要求两部分，其中，管理要求共 15 项内容，技术要求共 10 项内容。本章分别对管理要求与技术要求进行简要介绍。

## 第一节 管 理 要 求

### 1. 组织

组织，亦称为组织机构。基层站是一个有实体的组织，具有相应的人员、设备和设施、工作场所等资源，能够独立承担计量保障任务。

只要基层单位指定了具体的人员，设置了专门的工作场所，配置了所需的测量标准用于开展计量保障任务，就可以认为基层站已经形成了组织。

### 2. 质量管理体系

质量管理体系是形成基层站管理能力的核心，基层站必须建立质量管理体系才具备参与实验室认可的资格。

质量管理体系的作用：为顾客持续提供满意的服务，鼓励实验室分析顾客要求，规定满足顾客要求的检测/校准实现过程及相关的支持过程，并使其持续受控。质量管理体系能提供持续改进的框架，以增加顾客和其他相关方满意的机会。

对基层站而言，质量管理体系的作用主要体现在：确保基层站具备正确开展计量检定/校准工作的能力，能持续提供准确可靠的数据和报告。

实现该目标，不是依靠领导要求严格，或者技术人员工作认真负责，而是形成一种体制，从人、机、法、料、环、测等重点环节进行质量把控，确保每一项工作都有审核、有批准，工作开展时有检查、有监督，形成一种人人关注质量的组织氛围。而建立质量管理体系，就是逐步形成这种体制的过程。

### 3. 文件的控制

文件主要是指实验室开展检定/校准工作所依据的法规性、标准性文件，例如质量管理体系文件、国家计量检定规程、外来技术资料、自编校准规范等。文件需要实验室进行受控，保持始终使用最新的版本。

对基层站而言，可以将文件简单地理解为基层站开展质量管理与技术工作所依据的方法性文件。质量文件主要包括：质量管理体系文件、质量类标准；技术文件主要包括：检定规程或校准规范类标准、国家计量检定规程、标准档案。上述文件需要进行受控处理，如编制受控文件台账、设置受控文件编号、加盖受控章、定期进行文件版本的查询。对于各种技术参考书籍、非测量标准类仪器说明书等，可以列为技术资料统一管理，不需要受控。

**4. 要求、委托书及合同的评审**

要求、委托书及合同的评审，指的是顾客来到实验室，向实验室提出顾客方的计量保障需求，实验室对顾客提出的需求进行评审，主要评审的内容是实验室是否具备满足客户要求的能力。

对基层站而言，其检定/校准工作通常是任务性的，且工作对象较为固定，因此"要求、委托书及合同的评审"此项工作不会特别复杂，主要是关注委托方的某些特殊要求，例如对特定工作点的验证性测试。

**5. 分包**

分包是指实验室将一部分检定/校准工作交由另一个实验室去完成。分包的原因主要有两类：一是不可预测的原因，如测量标准故障、工作超量等；二是长期的原因，如客户要求、上级要求、长期协作等缘故。分包时，应对分包方的能力资质进行评审，确保分包方具备完成任务的能力，同时通知委托方，并得到委托方同意。

对基层站而言，分包主要是针对第一种情况，最为常见的是测量标准故障，修理周期之间的计量保障任务需要分包。考虑到基层站的工作性质，分包工作通常是指令性的，主要是完善分包工作程序。

**6. 采购**

采购是指实验室对外部服务和供应品的采购。典型的外部服务是测量标准溯源、设备维修等。供应品采购包括：测量标准、测试设备、与检定/校准工作有关的耗材等。采购时，应对提供服务或供应品的供方进行评审，确保其提供的服务或供应品满足实验室要求。

对基层站而言，采购工作的主要对象是测量标准的溯源、维修服务；普通测试设备的采购。考虑到基层站的组织结构，采购工作通常是指令性的，主要是完善采购工作程序。

**7. 对委托方的服务**

对委托方的服务是指实验室应与委托方有良好的沟通渠道，充分理解委托方的需求，做好对委托方的服务，保守委托方的秘密等。

对基层站而言，对委托方的服务是一个重要的管理环节。尽管基层站的委托方是基本固定的，但计量部门与设备使用部门的沟通非常重要，尤其是对于停用、限用设备的沟通，甚至是涉及设备安全的大事。另外，基层站应确保委托方的检/校设备在工作、存储、包装、运输等环节的安全。

**8. 意见的处理**

意见的处理是指实验室对委托方提出的意见或投诉要有效地进行处置，包括对服务态度、管理工作、技术工作、结果报告等方面的意见。

对基层站而言，接受的意见主要是对技术、管理工作方面的意见、建议和对结果报告的质疑。基层站对意见的处理主要是建立对意见的记录、调查、纠正、答复机制。

**9. 不符合要求的控制**

不符合要求的控制主要是指当实验室在检定/校准过程中，发现不符合技术要求或委托方要求的情况，能及时得到识别和控制。发现不符合要求的途径主要包括：委托方意见、质量监督、检定/校准工作时发现、内审、外审等。

对基层站而言，不符合要求的情况主要来自检定/校准过程，因此不符合要求的控制主要针对此过程，要特别加强对检定/校准工作的自查、审核、质量监督，对检定/校准过程中容易发生的不符合要求的情况可形成文件，明确识别方法与工作要点。

**10. 纠正措施**

纠正措施是指实验室对不符合要求的情况发生时所采取的改正方法，主要包括情况查找、原因分析、是否纠正的评估、如何纠正、纠正结果及有效性评价等内容。

基层站的技术工作与管理工作相对简单，易发生的不符合要求情况相对固定，可针对常见的情况形成文件，明确相应的纠正措施。

**11. 预防措施**

预防措施是指实验室对潜在不符合要求情况的预防。主要包括：潜在不符合要求原因分析、是否预防的评估、如何预防、预防结果及有效性评价等内容。预防措施与纠正措施的区别在于，不符合要求情况是否发生，已发生则需要纠正；未发生，但有发生的趋势则需预防。比较典型的情况是实验室电源电压、接地、环境温度等的控制。

基层站应当定期从变化趋势、管理流程、核查状况、委托方满意度、工作任务量等方面进行分析，考察是否存在有实施预防措施情况的必要性。

**12. 记录的控制**

记录是指实验室在运行过程中形成的管理记录和技术记录。记录是工作开展过的证据，通过记录可以追溯该项工作开展的情况。实验室记录的控制主要包括：各种记录填写的要素、记录填写的时机、记录填写的要求、记录保管的要求等。

对基层站而言，记录的控制是非常重要的管理工作。在质量管理体系建立之前，基层站主要的记录是技术记录，如开展检定/校准工作时形成的原始记录、证书电子版副本、温湿度记录等。建立质量管理体系后，基层站记录的种类会大幅度增加，记录的控制需要从记录产生机制、管理机制、保存机制等方面进行全方位的管理。

### 13. 内部审核

内部审核是实验室内部的质量监督活动，是实验室自发对质量管理体系运行情况的全面检查监督。通过内审达到发现问题、解决问题、完善体系的目的。

内部审核由实验室质量领导负责，质量领导带领内审员从技术层面和管理层面对实验室运行的整体情况进行检查和审核，尽可能多地发现实验室存在的问题。技术问题由技术领导处理，以确保检定/校准工作质量；质量问题由质量领导处理，以实现质量管理体系运行的优化和持续改进。

### 14. 管理评审

管理评审是实验室领导定期对实验室的质量管理体系运行及检定/校准工作情况进行评审，以确保实验室管理工作充分、适宜、有效，技术工作规范、准确、可靠。

管理评审通常每年年底进行一次，可以将管理评审认为是对实验室年度工作的总结，对新一年工作的计划与展望。管理评审主要分析本年度发现的问题、实验室发生的变化、预期任务的变化等，从而确定实验室新年度质量管理体系提升、基础设施完善、人员培训、委托方沟通等具体目标。

### 15. 持续改进

持续改进是实验室自始至终的追求与目标。实验室通过不断提升管理能力，使实验室自身硬件标准、能力水平、委托方满意情况不断提高。

实现持续改进这个目标，一方面依靠实验室领导坚定持续改进的决心；另一方面依靠实验室全体人员在质量管理体系运行过程中，不断提高技术能力与体系意识，从而实现实验室能力持续的、全方位的提升与改进。

### 16. 小结

管理要求的 15 项内容是一个有机的整体，15 项内容之间的关系如下：

(1)组织是承载管理能力的硬件。

(2)质量管理体系是体现管理能力的软件。

(3)持续改进是管理能力建设的总目标。

(4)文件的控制、记录的控制、要求与合同的评审、分包、采购、对委托方的服务是实验室自行确定的管理方法与要求。

(5)意见的处理、内部审核是实验室从外部与内部发现管理问题与技术问题的渠道。

(6)不符合要求的控制措施、纠正措施、预防措施是发现问题、解决问题的方法。

(7)管理评审是实验室年度工作总结与新年工作的谋划。

基层站组织规模相对较小、工作任务相对固定、管理能力建设相对简单，但 15 项管理要求缺一不可。基层站质量管理体系文件应梳理清楚 15 项管理要求的逻辑关联，确保质量管理体系文件的完整性、适用性、合理性。

## 第二节 技 术 要 求

### 1. 总则

总则是对技术要求总的描述，明确了技术要求的范围，可简单地理解为人（人员）、机（设备）、法（测试、校准或检定方法及其确认）、环（设施和环境）、样（被测件、被校件或被检件的处置）、测量溯源性、抽样等内容。

### 2. 人员

人员包括计量管理人员与计量技术人员。计量技术人员要具有相应的技术能力方可开展计量工作。对人员的总体要求是：人员要经过培训，且考核合格后方可开展指定的计量项目、操作相应的测量标准；计量技术机构要制定好人员的培训考核计划，并留存人员技术档案。

基层站应制定人员配备的相关要求，规定人员上岗的基本条件，明确允许从事计量检定、校准工作的资格证书范围；为确保人员具备相应的能力资格，应制定明确的人员培养方案；为有效实现人员管理，应为所有人定制人员技术档案，并及时更新信息。

### 3. 设施与环境

实验室用于测试、校准或检定的设施，应满足测试、校准或检定工作的要求，包括（但不限于）场所、能源、照明、接地、温湿度控制条件等。实验室应确保环境条件不会影响到所要求的计量工作的质量，对互相存在影响可能的检定、校准项目进行隔离。

基层站应配备满足校准、检定工作要求的设施和环境，并进行有效管理。基层站应保证有足够大的空间，防止各测量标准在工作时互相影响；关注电源电压、接地的情况，防止测量标准因电源而损坏；设置有效的温湿度控制方法，确保检定、校准工作满足技术文件的要求。

### 4. 测试、校准或检定方法及其确认

实验室对其从事的所有测试、校准或检定工作应使用适当的方法和程序。在方法的选择上，应当采用满足委托方需要的、与所进行的工作相适应的方法，优先使用国家标准、部门标准、行业标准、国际标准、跨国区域标准。实验室要确保其使用的方法为标准的最新版本。在委托方未规定所使用的方法时，实验室可以使用自定的方法，并对方法进行评审以满足委托方的需求。在方法的确认上，应当包括对要求的说明、对方法性能的确定、对使用该方法能否满足要求的核实及有关确认结果的说明。实验室应建立并实施校准的测量不确定度评定程序，对计算及数据转换进行系统的、适时的校核。

基层站从职能上看，主要工作对象为通用测量设备、工量具与少量专用检测设备，所使用的方法均为国家发布的计量技术规程、计量技术规范或中心级计量技术机构下发的校准方法。在方法的选择与控制上，通常不需要考虑自编方法，主要是针对技术文件的改版进行查新，确保使用的是最新版本的技术文件。

### 5. 设备

实验室的测量标准和测试设备是实验室能够进行检定、校准工作的基础条件，这些设备应达到要求的准确度，并符合测试、校准或检定的相应技术规范。测量标准应经考核合格，取得测量标准证书后，方可在规定的范围内开展检定、校准工作。实验室应采取手段确保设备的有效管理，使设备保持良好的性能状态。

基层站所配置的测量标准应通过上级计量管理部门组织的测量标准考核。为确保测量标准性能状态良好，应制定有效的管理规定与控制方法。对于测量标准在使用中出现了过载或操作不当等异常情况，应确保将其隔离，直至确认技术指标满足要求后方可继续使用。

### 6. 测量溯源性

实验室的测量标准和测试设备都应及时溯源到上级计量技术机构，确保其量值能溯源至国家基准。实验室应制定对应的溯源计划和程序文件，确保测量标准及时溯源。

基层站应编制测量标准和测试设备的年度溯源计划，并严格落实。测量标准应溯源到能证明其资格、测量能力和溯源性的校准实验室，以保证测量溯源性。测量标准溯源应视为计量技术服务的采购，对提供服务的单位应进行评审，通过评审的单位应纳入《合格供方名录》。

### 7. 抽样

实验室在为了测试、校准需要对物质、材料或产品进行抽样时，应制定抽样方案和程序，并便于在抽样现场获得。基层站无抽样事宜，本项相关内容可省略。

### 8. 被测件、被校件或被检件的处置

实验室应制定用于被测件、被校件或被检件运输、接受、处置、保护、储存和处理的程序，包括保护其完整性及实验室和委托方利益所必需的措施。

基层站应设置符合环境条件的收发室，明确区分被校件或被检件的处置状态。另外，应制定被检件、被校件的管理规定，确保被检件、被校件在实验室期间处于有效的管理状态，不会出现人为损坏、丢失等事故。

### 9. 测试、校准或检定结果的质量保证

实验室应有核查测试、校准或检定结果有效性的质量控制程序。结果质量保证的方法是对测量标准进行核查，利用统计的方法判断测量标准性能的变化趋势。核查方法应经过

评审，核查工作应有计划，核查完成后应出具核查报告。

基层站所使用的核查方法由中心级计量技术机构设计，基层站结合自身情况加以修改后得到核查方法。核查方法经评审后，便可用于测量标准的核查。核查工作应编制核查计划，核查在两次溯源之间至少应进行一次，当测量标准离开实验室返回后，也应进行核查。

### 10. 结果的报告

实验室应对每一项测试、校准或检定结果出具准确、清晰、明确和客观的报告，报告应符合测试、校准或检定方法规定的要求。结果的报告形式通常是测试报告、校准证书或检定证书。内容应包括委托方要求的、说明结果所必需的以及所用方法要求的等所有信息。

基层站仅开展检定与校准工作，出具的证书包括：校准证书、检定证书和检定结果通知书，同时对被校件或被检件粘贴合格、限用或停用标识。

# 第二编　质量管理体系文件编写实例

第二编分为三章。

第四章为《质量手册》编写实例。本章给出了质量管理体系文件中《质量手册》的编写实例，并结合基层站特点对认可准则中相关条款进行了删减。

第五章为《程序文件》编写实例。本章给出了质量管理体系文件中《程序文件》的编写实例，在结构上与《质量手册》保持一致。

第六章为《作业文件》编写实例。本章给出了质量管理体系文件中《作业文件》的编写实例，在结构上与《质量手册》《程序文件》保持一致。

# 第四章 《质量手册》编写实例

| ××(单位)计量分队 | 内部资料<br>列入移交 |

发放号：

## 校准实验室
# 质量手册
### (××版)

编写：_____××_____

校对：_____××_____

批准：_____××_____

发布日期：_____

实施日期：_____

# ╳╳(单位)计量分队 质量手册

## 《质量手册》更换记录

| 序号 | 更改单号 | 更换页 | 文件编号 | 更换人 | 实施日期 |
|------|----------|--------|----------|--------|----------|
|      |          |        |          |        |          |
|      |          |        |          |        |          |
|      |          |        |          |        |          |
|      |          |        |          |        |          |
|      |          |        |          |        |          |
|      |          |        |          |        |          |
|      |          |        |          |        |          |
|      |          |        |          |        |          |
|      |          |        |          |        |          |
|      |          |        |          |        |          |
|      |          |        |          |        |          |
|      |          |        |          |        |          |
|      |          |        |          |        |          |
|      |          |        |          |        |          |
|      |          |        |          |        |          |
|      |          |        |          |        |          |
|      |          |        |          |        |          |
|      |          |        |          |        |          |
|      |          |        |          |        |          |

# ××(单位)计量分队 **质量手册**

## 《质量手册》修订记录

| 序号 | 文件编号 | 修订页 | 修订内容 | 修订人 | 实施日期 |
|---|---|---|---|---|---|
| | | | | | |
| | | | | | |
| | | | | | |
| | | | | | |
| | | | | | |
| | | | | | |
| | | | | | |
| | | | | | |
| | | | | | |
| | | | | | |
| | | | | | |
| | | | | | |
| | | | | | |
| | | | | | |
| | | | | | |
| | | | | | |
| | | | | | |
| | | | | | |
| | | | | | |
| | | | | | |

# ××(单位)计量分队 质量手册

| | |
|---|---|
| **目　录** | 编号：SC0000-20AA |
| | 修改次数：00 |
| | 实施日期：20BB.01.01 |
| | 第1页　共1页 |

# ××(单位)计量分队 质量手册

| | |
|---|---|
| **所在组织授权及公正性声明** | 编号：SC0001-20AA |
| | 修改次数：00 |
| | 实施日期：20BB.01.01 |
| | 第 1 页 共 1 页 |

## ××(单位)授权
## 及保证计量公正性的声明

××(单位)计量分队是承担本单位通用设备校准和检定工作的实验室，是基层级计量技术机构，是××(单位)的下属单位，为确保计量分队正常独立运行，确保校准和检定工作科学公正、准确可靠，特声明如下：

1. 授权计量分队负责人管理该实验室，授权其组织必要的人力、物力、财力等资源满足委托方的校准和检定需求，确保校准和检定质量，同时委托其作为法人委托代理人负责各种对外工作。

2. 计量分队依据《测试实验室和校准实验室通用要求》建立有效独立运行的质量管理体系，质量管理体系文件中所涉及的有关单位必须严格执行文件中的有关规定以保证计量分队质量管理体系的有效运行。

3. 计量分队享有独立行使校准和检定工作的权利，××(单位)各个部门、各类人员不得以任何理由妨碍校准和检定工作的公正性。

4.××(单位)各个部门、各类人员不得利用计量分队的校准和检定结果侵犯委托方的利益。

如有违反以上公正性要求的行为，将严格按有关规定进行处理。

××(单位)领导：

××年××月××日

# ××(单位)计量分队 质量手册

| 批准发布《质量手册》的通知 | 编号：SC0002-20AA |
| | 修改次数：00 |
| | 实施日期：20BB.01.01 |
| | 第1页 共1页 |

## 关于批准发布《质量手册》的通知

计量分队：

　　为加强本室质量管理体系建设，增强全体人员质量意识，提高质量管理水平，确保校准和检定工作质量，依据《测试实验室和校准实验室通用要求》，结合计量分队实际情况，编制《质量手册》(××版)，现予以发布，自××年××月××日起施行。全体人员必须认真贯彻执行。

××(单位)计量分队负责人：

××年××月××日

# ××(单位)计量分队 质量手册

| 公正性声明 | 编号：SC0003-20AA |
| --- | --- |
| | 修改次数：00 |
| | 实施日期：20BB.01.01 |
| | 第1页 共1页 |

## 计量分队负责人公正性声明

为确保计量校准和检定工作的客观公正性，计量分队全体人员必须做到：

1. 各类人员保证为任何委托方提供相同的校准和检定服务。

2. 各类人员保证在任何情况下不受外来因素的干扰，严格按照计量分队质量管理体系文件的要求开展校准和检定工作。

3. 任何人不得以任何理由出具虚假数据和文件。

4. 任何人不得以任何理由妨碍校准和检定工作的公正性。

5. 任何人不得利用校准和检定结果侵犯委托方的利益。

如有违反以上公正性要求的行为，将严格按照有关规定进行处理。

××(单位)计量分队负责人：

××年××月××日

| ××(单位)计量分队 质量手册 | |
|---|---|
| 机　构　简　介 | 编号：SC0004-20AA |
| | 修改次数：00 |
| | 实施日期：20BB.01.01 |
| | 第 1 页　共 1 页 |

## 机　构　简　介

××(单位)计量分队，于××年××月成立，隶属于××(单位)，××是计量分队法人代表，计量分队负责人是法人委托代理人。

本计量分队现有人员×人，建立电磁、力学、长度等专业计量标准6项，拥有各类标准设备及测量器具××台(套)。

计量分队主要承担的任务包括：(1)承担本单位内部通用测量设备和工(量)具的计量保障任务；(2)负责本单位设备和检测设备计量监督管理；(3)负责本单位设备和检测设备计量信息统计任务。

本计量分队是××(单位)设备计量保障、管理的中坚力量。搭建测量标准6项、完成计量科研项目×余项，发表专业技术论文×篇。在新形势下，为适应设备发展转型，努力推动××(单位)计量保障能力和设备建设水平协调发展，本计量分队将努力做到：高效遂行计量保障任务，快速提升计量保障能力，努力打造计量人才队伍。

| | |
|---|---|
| 实验室名称 | ××(单位)计量分队 |
| 通讯地址 | ×× |
| 电　话 | ×× |
| 传　真 | ×× |
| 邮政编码 | ×× |

# ××(单位)计量分队 质量手册

| 适用范围及删减说明 | 编号：SC0005-20AA |
| :---: | :--- |
| | 修改次数：00 |
| | 实施日期：20BB.01.01 |
| | 第1页 共1页 |

1 本《质量手册》是依据《测试实验室和校准实验室通用要求》编写的，用来规定实验室的质量管理体系各工作过程和过程控制要点，并体现其相互关系的文件，由实验室最高领导批准发布后生效。

2 本《质量手册》适用于实验室的所有活动，涵盖了实验室校准和检定全过程的管理要求，是实验室从事校准和检定业务的指导性文件。

3 本实验室形成文件的质量方针和质量目标放在本《质量手册》(2 质量管理体系)章节中。

4 对于《测试实验室和校准实验室通用要求》条款进行删减的说明。

4.1 本实验室只从事校准和检定工作，不开展测试工作，因此对有关测试的要求进行删减。

4.2 本实验室不含抽样活动，因此对有关抽样的要求进行删减。

4.3 本实验室不含标准物质，因此对有关标准物质的要求进行删减。

4.4 本实验室不含分包，因此对有关分包的要求进行删减。

# ＸＸ（单位）计量分队 **质量手册**

| | |
|---|---|
| **1 组 织** | 编号：SC01-20AA |
| | 修改次数：00 |
| | 实施日期：20BB.01.01 |
| | 第1页 共16页 |

1.1 目的

明确实验室的组织结构和相互关系，规定各部门、各类人员的岗位职责，确保校准、检定工作的质量和质量管理体系的有效运行。

1.2 要求

1.2.1 本实验室隶属于ＸＸ（单位），是从事单位内部通用设备校准、检定工作的实验室，能够承担法律责任和依靠所在组织解决法律问题。

1.2.2 本实验室确保开展的校准或检定工作符合《测试实验室和校准实验室通用要求》，满足委托方、管理机构和认可机构的要求。

1.2.3 本实验室依据《测试实验室和校准实验室通用要求》建立的质量管理体系覆盖本实验室在固定设施、离开固定设施的场所、临时性设施和移动设施中进行的校准或检定工作。

1.2.4 ＸＸ（单位）ＸＸ（领导）分管计量工作；ＸＸ（部门）全面负责计量技术工作和计量管理工作，指定专人负责计量工作任务下达、任务落实，并监督完成情况。

1.2.5 计量分队负责人是本实验室的最高领导，兼任质量负责人；设置技术负责人，经授权后负责计量分队技术管理工作。

1.2.6 本实验室对人员、环境设施、设备、技术文件及校准或检定工作的全过程进行管理，以保证工作质量。

1.2.7 本实验室制定质量监督管理制度，质量负责人与技术负责人经授权成为质量监督员，对实验室校准、检定的全过程进行质量监督。

1.2.8 实验室负责人因故临时不能履行职责时，由技术负责人代行其职责；技术负责人因故临时不能履行职责时，由实验室最高领导代行其职责；特殊情况由实验室最高领导指定临时负责人。

# ××（单位）计量分队 **质量手册**

| |
|---|
| 编号：SC01-20AA |
| 修改次数：00 |
| 实施日期：20BB.01.01 |
| 第2页 共16页 |

## 1 组 织

1.2.9 实验室人员、测量设备一览表实时登记并存档，在本《质量手册》中不再表述。

1.3 组织机构

1.3.1 实验室组织结构关系图

本实验室下设管理组与技术组。管理组负责质量管理工作；技术组负责计量保障和技术管理工作。

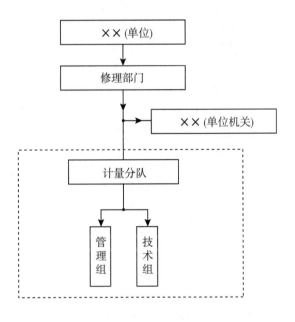

# ××(单位)计量分队 **质量手册**

| | |
|---|---|
| **1 组 织** | 编号：SC01-20AA |
| | 修改次数：00 |
| | 实施日期：20BB.01.01 |
| | 第 3 页 共 16 页 |

1.3.2 实验室质量管理体系结构图

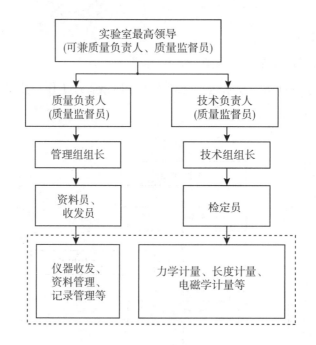

1.3.3 实验室对外业务关系图

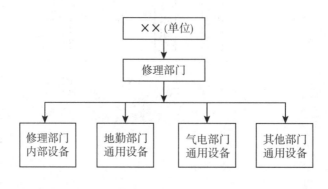

# ×× (单位) 计量分队 质量手册

| | |
|---|---|
| **1 组 织** | 编号：SC01-20AA |
| | 修改次数：00 |
| | 实施日期：20BB.01.01 |
| | 第 4 页 共 16 页 |

1.3.4 实验室印章鉴别一览表

| 序号 | 印章名称 | 印章式样 | 备注 |
|---|---|---|---|
| 01 | 实验室业务公章 | | |
| 02 | 实验室检定/校准专用章 | | |

## ××（单位）计量分队 质量手册

| 1 组 织 | 编号：SC01-20AA |
| | 修改次数：01 |
| | 实施日期：20BB.01.01 |
| | 第 5 页 共 16 页 |

1.3.5 实验室工作场所布局平面图

（据实绘制本单位实验室布局平面图）

# ××（单位）计量分队 质量手册

| | |
|---|---|
| **1 组 织** | 编号：SC01-20AA |
| | 修改次数：00 |
| | 实施日期：20BB.01.01 |
| | 第6页 共16页 |

1.3.6 实验室主要人员的授权及签字鉴别

1.3.6.1 实验室质量管理岗位人员授权书（见附件一）

1.3.6.2 实验室内部审核员授权书（见附件二）

1.3.6.3 实验室质量监督员授权书（见附件三）

1.3.6.4 实验室主要授权人签字鉴别（见附件四）

1.4 职责

1.4.1 本实验室机构职责

1.4.1.1 计量分队职责

a. 实验室测量标准的建立、保持和管理；

b. 实验室质量管理体系建设工作；

c. 本单位通用检测设备和工（量）具的检定、校准及修理；

d. 本单位设备计量状态监控和管理；

e. 本单位内部开展计量法规和计量技术文件的宣贯；

f. 本单位计量信息统计与上报；

g. 其他计量相关工作；

h. 完成上级交办的其他工作。

1.4.1.2 管理组职责

a. 负责拟制本实验室人员培训计划，校准、检定设备溯源和维修计划；

b. 负责收集最新检定规程与校准规范，并及时更新；

c. 负责建立计量分队各类台账，并对设备、设施、资料、质量记录进行有效管理；

d. 负责收集、保存委托方的意见和信息反馈；

e. 负责被校件或被检件的交接登记；

f. 负责备件的保管、发放和管理；

g. 完成上级交办的其他工作。

# ××(单位)计量分队 质量手册

| |
|---|
| 编号：SC01-20AA |
| 修改次数：00 |
| 实施日期：20BB.01.01 |
| 第7页 共16页 |

## 1 组 织

1.4.1.3 专业计量分队职责

a. 负责按照《测试实验室和校准实验室通用要求》正确开展本专业的校准、检定工作，并出具证书；

b. 负责填写、收集与本专业有关的各类记录、资料并妥善保存；

c. 负责做好内部交接工作(包括被校件和被检件的收发、交接、保存)，防止因交接不当、保存不妥导致被校件、被检件或其他附件丢失、损坏等事故发生；

d. 做好校准、检定的质量保证工作；

e. 负责本专业所用设备和环境的维护工作，做好环境监测记录，确保环境条件能满足技术要求；

f. 负责本专业室仪器设备的日常维护和保养，人员的业务训练和技术培训；

g. 完成上级交办的其他工作。

1.4.2 实验室人员岗位职责

1.4.2.1 实验室最高领导

修理部门负责人(计量分队负责人)是实验室最高领导，对计量分队的全面工作负责。

a. 负责教育和带领实验室人员贯彻执行国家的计量法律、法规，完成各项计量工作任务；

b. 负责制定实验室的发展规划和计划；

c. 负责制定实验室质量方针和质量目标，批准发布质量管理体系文件，主持实验室管理评审会议，批准签发管理评审报告；

d. 负责组织实验室认可考核工作，测量标准建标的申报、评审和复审工作；

e. 负责配备实验室的人员、设施和设备等资源，抓好人才队伍建设，组织人员培训和岗位练兵工作；

f. 质量岗位人员授权和聘任，证书的签发；

# ××（单位）计量分队 **质量手册**

| | |
|---|---|
| **1 组 织** | 编号：SC01-20AA |
| | 修改次数：00 |
| | 实施日期：20BB.01.01 |
| | 第 8 页 共 16 页 |

g. 在技术负责人因故临时不能履行职责时，代行其职责；

h. 完成上级交办的其他工作。

1.4.2.2 质量负责人

全面负责实验室的质量管理工作。

a. 负责质量管理体系的建立、实施和持续改进，贯彻执行实验室的质量方针和质量目标；

b. 负责内审员和质量监督员的管理，组织质量体系内部审核，检查专业室的工作质量，发现问题及时督促有关人员改进工作；

c. 组织处理委托方的意见、建议等信息，持续改进服务质量；

d. 证书的签发；

e. 在技术负责人因故临时不能履行职责时，代行其职责；

f. 完成实验室最高领导交办的其他工作。

1.4.2.3 技术负责人

全面负责实验室的技术工作。

a. 领导技术工作，组织技术人员及时处理工作中的技术问题；

b. 掌握测量标准和设备的技术指标和工作状态；

c. 规范校准方法、操作规范等技术文件的使用、培训和更新等工作；

d. 组织制定开展新测量标准建标工作；

e. 证书的签发；

f. 在质量负责人因故临时不能履行职责时，代行其职责；

g. 完成实验室最高领导交办的其他工作。

1.4.2.4 技术组组长

负责技术组的全面工作。

| ✕✕(单位)计量分队 **质量手册** | |
|---|---|
| **1　组　织** | 编号：SC01-20AA |
| | 修改次数：01 |
| | 实施日期：20BB.01.01 |
| | 第9页　共16页 |

　　a. 贯彻执行有关计量工作法规和质量管理体系文件，保证校准或检定工作有效进行，定期汇报本组质量体系运行情况，并提出解决问题的意见和建议；

　　b. 负责实验室校准/检定、修理任务计划落实和工作开展；

　　c. 负责实验室标准设备及各类仪器设备、工(量)具的日常维护、保养和管理以及本组环境条件的监管和保持；

　　d. 负责实验室新建测量标准项目的论证、申报工作以及制订设备更新计划；

　　e. 负责实验室训练计划的制订和落实，不断提高人员的技术水平；

　　f. 负责实验室各类技术文件、资料、记录的管理(含电子媒体文件记录)；

　　g. 完成上级交办的其他工作。

1.4.2.5　管理组组长

负责管理组全面工作。

　　a. 拟制人员培训、设备溯源、巡校等计划并组织实施；

　　b. 负责实验室质量体系文件的修订、完善；

　　c. 负责实验室人员档案、各类管理记录的存档和管理(含电子媒体文件记录)；

　　d. 建立并管理实验室仪器设备台账，督促设备的维护保养、维修、报废等工作；

　　e. 外来文件的控制，印章的管理；

　　f. 负责本单位设备状态监控；

　　g. 负责委托方意见的收集和处理；

　　h. 完成上级交办的其他工作。

1.4.2.6　质量监督员

质量监督员由实验室领导授权，由熟悉校准或检定方法和程序的、了解校准或检定工作的目的以及知道如何评价校准或检定结果的人员担任。在质量负责人的领导下，依据质量管理体系文件对质量体系运行情况和质量活动进行监督。监督的内容涉及校准或检定工作的全过程，包括环境的保持、设备的状态、人员的操作和数据处理等。

# ╳╳(单位)计量分队 质量手册

| |
|---|
| 编号：SC01-20AA |
| 修改次数：01 |
| 实施日期：20BB.01.01 |
| 第 10 页　共 16 页 |

## 1　组　织

a. 监督校准或检定人员必须持证上岗，正确执行规程、规范和技术文件要求；

b. 监督实验室使用的测量设备是否处于有效期内，监督实施测量标准的维护程序和溯源、校准程序；

c. 对实验室环境的有效性、校准或检定数据、证书的符合性和正确性进行监督；

d. 质量监督员的工作具有相对的独立性，监督工作不受外界压力影响；

e. 根据监督情况随时向质量负责人提交签署本人姓名的监督报告；

f. 负责监督结果的反馈，包括纠正措施的跟踪、验证等；

g. 承办质量负责人交付的其他事项。

1.4.2.7　内部审核组长

由质量负责人指定，负责本次实验室内部质量审核工作。

a. 协助质量负责人选择内部审核组的其他成员；

b. 负责制定本次实验室内部审核计划表、内部审核实施方案，审定检查表；

c. 负责向受审单位传达和阐明审核要求，按计划组织审核工作，对审核过程进行控制，有权对现场审核工作的开展和审核观察结果作最后决定；

d. 编制并提交审核报告，负责组织验证由审核结果导致相关纠正、预防措施的有效性；

e. 承办质量负责人交付的其他事项。

1.4.2.8　内部审核员

由取得《内审员证》的技术骨干兼任，在质量负责人和内审组长的领导下开展工作。

a. 遵守、传达和阐明有关审核要求，有效地策划并履行被赋予的职责；

b. 配合和支持审核组长工作，将观察结果作详细记录，报告审核结果，并整理相关材料；

# ＸＸ(单位)计量分队 质量手册

| 1 组 织 | 编号：SC01-20AA |
| | 修改次数：00 |
| | 实施日期：20BB.01.01 |
| | 第 11 页 共 16 页 |

c. 在进行审核时，有权查阅任何与质量体系有关的资料，有权向审核对象发问咨询；

d. 负责验证由审核结果导致的纠正措施和预防措施的有效性；

e. 完成质量负责人交付的其他工作。

1.4.2.9 检定员

在技术组长的领导下开展工作。检定员必须具有中专(高中)以上或相当的文化程度，熟悉计量法律、法规，具有所从事计量专业的基础理论和专业知识，熟练掌握所从事检定项目的操作技能，持有该项目计量检定员证，对完成任务和质量安全负责。

a. 贯彻执行国家的计量法律、法规和各项规章制度；

b. 正确使用、维护测量标准和检测设备，使其保持良好的技术状态；

c. 保证校准或检定数据正确，维护数据的公正性，保证校准或检定原始数据和有关技术资料的完整，遵守保密规定；

d. 校准或检定工作结束后，给被校(检)件贴上状态标识并出具校准(检定)证书；

e. 检定员对所给出的数据和结论负责，在原始记录、证书上签字，数据或结论一经发出即应承担责任；

f. 如出现影响校准或检定的事故，应立即报告组长或质量负责人，事后写出分析报告。

1.4.2.10 审核员

在技术组长的领导下工作，由熟悉校准或检定方法、过程和知道如何评价校准或检定结果的检定员担任，审核范围包括从校准或检定工作开始到出具证书的整个过程，对完成任务和质量安全负责。

# ××（单位）计量分队 质量手册

| 1　组　织 | 编号：SC01-20AA |
| --- | --- |
| | 修改次数：00 |
| | 实施日期：20BB.01.01 |
| | 第 12 页　共 16 页 |

a. 对校准或检定方法，引用标准、规程、规范的正确性进行审核；

b. 对原始记录、数据处理方法的正确性，校准或检定结果的准确性和可靠性进行审核；

c. 对证书的数据、检定日期、校准或检定结果的有效期和结论与原始记录是否相符进行审核；

d. 对审核中发现的错误有权让检定人员修改或复测；

e. 审核员要在原始记录、证书上签字，对校准或检定结果的质量同检定员一样负有法律责任。

1.4.2.11　收发员

由计量分队负责人指定，对计量分队的被校件或被检件收发工作负责。

a. 在收发被校（检）件时，与委托方共同做好外观、附件、资料的检查，按照规定办理交接手续；

b. 委托方如有特殊要求，应做好详细记录；

c. 通知技术组及时领取被校件或被检件；

d. 在被校（检）件在校准或检定期间，负责查问校准或检定工作的完成情况，答复委托方的查询；

e. 保证被校件或被检件经计量后及时交出，杜绝因交出不及时而影响委托方工作；

f. 负责与委托方进行沟通并收集委托方的意见。

1.5　支持文件

CX0201-20AA《质量监督制度》

CX0701-20AA《对委托方的服务程序》

# ××(单位)计量分队 质量手册

| 1　组　织 | 编号：SC01-20AA |
| --- | --- |
| | 修改次数：01 |
| | 实施日期：20BB.01.01 |
| | 第 13 页　共 16 页 |

附件一

## 实验室质量管理岗位人员授权书

根据实验室质量管理体系要求和工作需要，授权下列人员：

1. ××为实验室质量负责人；

2. ××为实验室技术负责人；

3. ××为管理组负责人；

4. ××为技术组负责人。

××(单位)计量分队负责人：

年　月　日

# ××(单位)计量分队 质量手册

| | |
|---|---|
| **1 组 织** | 编号：SC01-20AA |
| | 修改次数：00 |
| | 实施日期：20BB.01.01 |
| | 第 14 页 共 16 页 |

附件二

## 实验室内部审核员授权书

　　根据实验室质量管理体系要求和工作需要，经上级培训考核合格，授权 A、B 为实验室内部审核员，可以从事实验室内部审核工作。

××(单位)计量分队负责人：

年　　月　　日

# ××(单位)计量分队 **质量手册**

| | |
|---|---|
| **1 组 织** | 编号：SC01-20AA |
| | 修改次数：01 |
| | 实施日期：20BB.01.01 |
| | 第 15 页 共 16 页 |

附件三

## 实验室质量监督员授权书

　　根据本实验室质量管理体系要求和工作需要，授权 A、B 为实验室质量监督员，可以从事实验室质量监督工作。

××(单位)计量分队负责人：

年　　月　　日

# ××(单位)计量分队 质量手册

| | |
|---|---|
| **1 组 织** | 编号：SC01-20AA |
| | 修改次数：00 |
| | 实施日期：20BB.01.01 |
| | 第 16 页 共 16 页 |

附件四

## 实验室主要授权人签字鉴别

| 姓名 | 职务/岗位 | 签字 | 适 用 范 围 |
|---|---|---|---|
| A | 实验室最高领导，兼质量负责人，技术负责人代理人 | | 《质量手册》《程序文件》《作业文件》批准发布，管理评审；质量岗位人员授权；质量体系的建立、实施和持续改进，内部审核；内审员和质量监督员的管理；证书的签发 |
| B | 实验室技术负责人，最高领导代理人 | | 技术文件的评审；证书的签发 |

# ××(单位)计量分队 **质量手册**

| | |
|---|---|
| **2　质量管理体系** | 编号：SC02-20AA |
| | 修改次数：00 |
| | 实施日期：20BB.01.01 |
| | 第1页　共5页 |

2.1　目的

明确实验室的质量方针和目标，规定质量管理体系的总体要求，确保实验室质量管理体系有效运行并持续改进。

2.2　要求

依据《测试实验室和校准实验室通用要求》建立和运行质量管理体系，并以文件化的形式对质量管理的各项活动和过程予以确定，并向相关人员传达和分发；同时不断改进质量管理体系，并保证其持续有效运行。

2.3　质量管理体系文件

本实验室质量管理体系文件是对实验室校准或检定工作进行质量管理的基本依据，质量管理体系文件分为三个层次：

第一层次为质量手册：质量手册阐述了实验室的质量方针和质量目标，描述了质量管理体系文件和质量管理要素，设定了质量管理体系的基本要求。它是实验室实施并保持质量管理体系应遵循的法规性文件，是编制下层文件的根本依据。

第二层次为程序文件：程序文件是质量手册的支持性文件，是质量手册中各项要求的具体化文件，具有可操作性，它规定了质量体系运行中进行质量管理活动必须遵循的工作程序，是开展各项质量管理活动的基本依据。

第三层次为作业文件：作业文件是程序文件的支持性文件。本层次文件包括各类记录表格的汇编本和采用单个文件方式保存的为保证实验室有效工作所需的其他文件，这些文件包含作业指导书、技术规范、校准方法、检定规程等技术标准，以及操作方法、维护使用说明和实施细则等。

2.4　质量方针和质量目标

2.4.1　质量方针

示例：面向设备、准确公正、保障高效、持续改进。

# ××（单位）计量分队 **质量手册**

| | |
|---|---|
| **2 质量管理体系** | 编号：SC02-20AA |
| | 修改次数：00 |
| | 实施日期：20BB.01.01 |
| | 第 2 页 共 5 页 |

2.4.2 质量目标

示例：

a. 测量标准受检率 100%；

b. 在用技术文件现行有效率 100%；

c. 人员培训合格率≥97%；

d. 委托方满意率≥95%；

e. 质量责任事故为 0；

f. 证书差错率≤1%。

2.4.3 质量方针和质量目标的评审

质量方针和质量目标持续适宜性的评审在实验室进行管理评审时进行。

2.5 质量管理体系要素与质量手册对应关系

（见附件二）

2.6 质量手册的管理

质量手册的编制、审核、批准、发布、保管和修订制定按《文件的控制程序》
进行。

2.7 支持文件

CX0202-20AA《质量方针和质量目标控制程序》

CX0301-20AA《文件的控制程序》

CX1401-20AA《管理评审程序》

# ＸＸ（单位）计量分队 质量手册

| | |
|---|---|
| **2  质量管理体系** | 编号：SC02-20AA |
| | 修改次数：00 |
| | 实施日期：20BB.01.01 |
| | 第 3 页  共 5 页 |

附件一

## 程序文件清单

| 序号 | 程 序 文 件 名 称 | 文件编号 |
|---|---|---|
| 01 | 质量监督制度 | CX0201-20AA |
| 02 | 质量方针和质量目标控制程序 | CX0202-20AA |
| 03 | 文件的控制程序 | CX0301-20AA |
| 04 | 实验室保密管理规定 | CX0302-20AA |
| 05 | 要求、委托书及合同的评审程序 | CX0401-20AA |
| 06 | 偏离的控制程序 | CX0402-20AA |
| 07 | 分包程序 | CX0501-20AA |
| 08 | 服务和供应品的采购程序 | CX0601-20AA |
| 09 | 对委托方的服务程序 | CX0701-20AA |
| 10 | 意见的处理程序 | CX0801-20AA |
| 11 | 不符合要求的控制程序 | CX0901-20AA |
| 12 | 纠正措施控制程序 | CX1001-20AA |
| 13 | 预防措施控制程序 | CX1101-20AA |
| 14 | 记录的控制程序 | CX1201-20AA |
| 15 | 内部审核程序 | CX1301-20AA |
| 16 | 管理评审程序 | CX1401-20AA |
| 17 | 人员管理程序 | CX1601-20AA |
| 18 | 实验室设施和环境条件的控制程序 | CX1701-20AA |
| 19 | 实验室内务管理制度 | CX1702-20AA |
| 20 | 测量不确定度评定程序 | CX1801-20AA |
| 21 | 校准或检定程序 | CX1802-20AA |
| 22 | 校准、检定方法控制程序 | CX1803-20AA |
| 23 | 非标准方法的选用、编制和评审程序 | CX1804-20AA |
| 24 | 外场计量保障管理规定 | CX1805-20AA |
| 25 | 设备控制管理规定 | CX1901-20AA |

# ××(单位)计量分队 质量手册

| | |
|---|---|
| **2 质量管理体系** | 编号：SC02-20AA |
| | 修改次数：00 |
| | 实施日期：20BB.01.01 |
| | 第4页 共5页 |

附件一

### 程序文件清单

| 序号 | 程序文件名称 | 文件编号 |
|---|---|---|
| 26 | 设备标识规定 | CX1902-20AA |
| 27 | 测量标准溯源程序 | CX2001-20AA |
| 28 | 被校件或被检件的处置程序 | CX2101-20AA |
| 29 | 校准或检定结果质量控制程序 | CX2201-20AA |
| 30 | 证书的编写规定 | CX2301-20AA |
| 31 | 证书的管理规定 | CX2302-20AA |
| 32 | 计量印章管理规定 | CX2303-20AA |

# ××(单位)计量分队 质量手册

| 2　质量管理体系 | 编号：SC02-20AA |
| --- | --- |
| | 修改次数：00 |
| | 实施日期：20BB.01.01 |
| | 第5页　共5页 |

附件二

## 质量管理体系要素与质量手册对应关系

| 质量管理体系要素 | 本手册文件编号 | GJB 2725A—2001 | 备注 |
| --- | --- | --- | --- |
| 组织 | SC01-20AA | 4.1 | |
| 质量管理体系 | SC02-20AA | 4.2 | |
| 文件的控制 | SC03-20AA | 4.3 | |
| 要求、委托书及合同的评审 | SC04-20AA | 4.4 | |
| 分包 | SC05-20AA | 4.5 | 本实验室不含分包 |
| 采购 | SC06-20AA | 4.6 | |
| 对委托方的服务 | SC07-20AA | 4.7 | |
| 意见的处理 | SC08-20AA | 4.8 | |
| 不符合要求的控制 | SC09-20AA | 4.9 | |
| 纠正措施 | SC10-20AA | 4.10 | |
| 预防措施 | SC11-20AA | 4.11 | |
| 记录的控制 | SC12-20AA | 4.12 | |
| 内部审核 | SC13-20AA | 4.13 | |
| 管理评审 | SC14-20AA | 4.14 | |
| 持续改进 | SC15-20AA | 4.15 | |
| 人员 | SC16-20AA | 5.2 | |
| 设施和环境 | SC17-20AA | 5.3 | |
| 校准或检定方法及其确认 | SC18-20AA | 5.4 | |
| 设备 | SC19-20AA | 5.5 | |
| 测量溯源性 | SC20-20AA | 5.6 | 本实验室不含标准物质 |
| 抽样 | | 5.7 | 本实验室不含抽样 |
| 被校件或被检件的处置 | SC21-20AA | 5.8 | |
| 校准或检定结果的质量保证 | SC22-20AA | 5.9 | |
| 结果的报告 | SC23-20AA | 5.10 | |

# ××(单位)计量分队 质量手册

| |
|---|
| 编号：SC03-20AA |
| 修改次数：00 |
| 实施日期：20BB.01.01 |
| 第1页 共2页 |

## 3 文件的控制

3.1 目的

明确对所有质量管理体系文件的基本要求，确保质量管理体系文件得到有效控制，所有在用文件现行有效。

3.2 要求

本实验室制定文件控制的程序文件，以控制质量管理体系的所有文件。

3.2.1 文件的编制

3.2.1.1 实验室依据《测试实验室和校准实验室通用要求》和有关计量法律、法规、相关技术文件，按照规定的程序编制质量管理体系文件。

3.2.1.2 质量管理体系文件包括质量手册(含质量方针和质量目标)、程序文件、作业文件以及为保证实验室有效工作所需的其他文件。

3.2.2 文件的批准与发布

实验室的质量管理体系文件必须按规定的程序履行审批手续，经批准后发布实施。

3.2.3 文件的修订

实验室依据质量体系内部审核、管理评审结果和实际工作的变化情况，及时按照规定的程序对需要修改的质量管理体系文件进行修订和发布，并做好修订和发布记录，以保证其持续有效。

3.2.4 文件的发放与收回

3.2.4.1 质量管理体系文件采用纸张或电子媒体(包括：U盘、硬盘、光盘或其他电子媒体等)的形式保存和发放。

3.2.4.2 质量管理体系文件应编制文件清单，统一编号，并做出受控标记，同时对发放情况进行记录。

3.2.4.3 无效或作废的文件应及时收回，对需要保留的应做出"作废保留"标识，防止使用无效或作废的文件。

# ××（单位）计量分队 **质量手册**

| | |
|---|---|
| | 编号：SC03-20AA |
| **3　文件的控制** | 修改次数：00 |
| | 实施日期：20BB. 01. 01 |
| | 第 2 页　共 2 页 |

3.2.5　外来文件的控制

外来文件包括：上级配发或自购的有关法律、法规、国家标准、技术规范、产品说明书等，具体管理执行《文件的控制程序》。

3.2.6　自编文件的控制

自编文件包括：自编专业检测设备校准方法、自编计量作业指导书、自编其他技术资料等。校准方法编写依据《国家计量检定规程编写规则》（JJF 1002）、《国家计量校准规范编写规则》（JJF 1071）；作业指导书编写参考校准方法编写；具体管理执行《文件的控制程序》。

3.2.7　涉密文件的控制

对需要保密的文件，按相关保密规定进行管理和控制。

3.2.8　电子文件的控制

保存在计算机内的文件按《实验室保密管理规定》进行管理和控制。

3.3　支持文件

CX0301-20AA《文件的控制程序》

CX0302-20AA《实验室保密管理规定》

CX1201-20AA《记录的控制程序》

# ╳╳(单位)计量分队 质量手册

| | |
|---|---|
| **4 要求、委托书及合同的评审** | 编号：SC04-20AA |
| | 修改次数：00 |
| | 实施日期：20BB.01.01 |
| | 第1页 共1页 |

4.1 目的

明确委托方要求、委托书及合同评审的要求，确保委托方的利益得到有效保护。

4.2 要求

4.2.1 要求、委托书及合同的评审

4.2.1.1 评审在向委托方做出承诺前进行，要充分理解委托方的要求，确定本实验室是否有能力和资源满足这些要求，并将要求形成文件，具体执行《要求、委托书及合同的评审程序》。

4.2.1.2 本实验室高度重视委托方的校准、检定要求，建立双方认同的评审委托方要求、委托书及合同的程序，使委托方提出的校准、检定要求得到及时和有效的满足。

4.2.1.3 如果评审结果表明实验室不能满足委托方的要求，应尽快通知委托方。涉及分包的按照《分包程序》执行。

4.2.2 评审情况的记录

4.2.2.1 对委托方要求、委托书及合同的评审要根据具体情况进行记录，记录要予以保存。

4.2.2.2 在合同执行过程中，与委托方沟通的分包、偏离、合同修改等情况要详细记录，记录要予以保存。

4.2.3 与委托方的沟通

4.2.3.1 评审结果发生变化或合同发生任何偏离时必须及时通知委托方。

4.2.3.2 当工作开展后需要修改合同时，应重新进行评审。任何的修改都应通知所有的相关人员。

4.3 支持文件

CX0401-20AA《要求、委托书及合同的评审程序》

CX0402-20AA《偏离的控制程序》

CX0501-20AA《分包程序》

# ××(单位)计量分队 质量手册

| | |
|---|---|
| **5 分 包** | 编号：SC05-20AA |
| | 修改次数：00 |
| | 实施日期：20BB.01.01 |
| | 第1页 共1页 |

5.1 目的

明确分包工作的基本要求，确保满足委托方的要求。

5.2 要求

5.2.1 本实验室涉及的分包工作主要是指所在单位其他部门送来的被校件或被检件，因实验室资源、能力等方面的原因，需外协完成的工作。

5.2.2 在选择分包方时，主要从上级发布的合格实验室名录中选取，特殊情况需从国家发布的合格实验室名录中选取的，需征得上级计量管理部门的同意。

5.2.3 实验室应编制《合格分包方名录》，并留存对应机构相关资质证明材料并存档。

5.2.4 委托方有权对分包工作实施监督。

5.2.5 实验室就选择的分包方对委托方负责，除非委托方或管理机构指定其他分包方。

5.2.6 实验室对分包方出具的证书不承担责任。

5.3 支持文件

CX0401-20AA《要求、委托书及合同的评审程序》

CX0501-20AA《分包程序》

## ＸＸ（单位）计量分队 质量手册

| |
|---|
| 编号：SC06-20AA |
| 修改次数：00 |
| 实施日期：20BB.01.01 |
| 第1页 共1页 |

# 6 采 购

6.1 目的

明确外部服务和供应品采购的基本要求，确保外部服务的质量和采购的供应品符合技术要求。

6.2 要求

6.2.1 本实验室制定服务和供应品的采购程序，以保证校准、检定结果的可信度。

6.2.2 本实验室应对外部服务和供应品采购进行质量控制。重点加强对实验室校准、检定工作有影响的主要因素的控制：

a. 测量设备供应方的选择；

b. 外部提供的对测量设备的校准或检定、验收、维修、运输等服务；

c. 对工作质量有影响的消耗品。

6.2.3 本实验室按下列原则选择外部服务和供应品：

a. 通过认可的实验室或通过质量管理体系认证、产品认证的组织提供的产品；

b. 国家级优质产品单位；

c. 经长期使用证明其质量稳定的产品单位；

d. 满足校准、检定有关技术要求，货源稳定，供货及时、价格合理，提供良好服务的单位。

6.2.4 本实验室及时收集合格供应商的证明材料，并对其进行评价，确定合格供方名录，作为服务和供应品采购的依据。

6.3 支持文件

CX0601-20AA《服务和供应品的采购程序》

# ××(单位)计量分队 质量手册

编号：SC07-20AA

修改次数：00

实施日期：20BB.01.01

第1页 共1页

## 7 对委托方的服务

7.1 目的

明确对委托方服务的要求，确保委托方利益得到保护。

7.2 要求

7.2.1 本实验室的委托方是实验室所在单位其他部门和上级计量管理机构。

7.2.2 要注意和委托方保持良好的沟通，充分理解委托方的需求，定期向上级主管部门汇报工作。

7.2.3 允许委托方代表进入实验室相关区域，查看为其进行的校准、检定工作。

7.2.4 要做好被校件或被检件的交接、保管和运输工作，做到手续清楚，符合要求。在整个工作过程中，要加强和委托方的联系，主动介绍实验室所拥有的资源和所具备的能力，及时向其反馈所委托工作的进展情况，及时收集他们对服务质量方面的要求和意见，不断改进校准、检定工作质量，为其提供及时满意的服务。如果发生校准或检定工作延误或技术偏离要及时通知委托方。

7.2.5 对委托方以各种方式提出的意见和投诉要及时进行调查、分析和妥善处理，并做好记录，及时将处理结果通知委托方。必要时要召开委托方座谈会，进一步听取委托方的意见。

7.3 支持文件

CX0402-20AA《偏离的控制程序》

CX0701-20AA《对委托方的服务程序》

CX0801-20AA《意见的处理程序》

CX1301-20AA《内部审核程序》

CX1401-20AA《管理评审程序》

CX1702-20AA《实验室内务管理制度》

# ✕✕（单位）计量分队 质量手册

| | |
|---|---|
| **8 意见的处理** | 编号：SC08-20AA |
| | 修改次数：00 |
| | 实施日期：20BB.01.01 |
| | 第1页 共1页 |

8.1 目的

明确对委托方或其他方面意见处理的要求，确保为委托方提供满意的服务。

8.2 要求

8.2.1 本实验室制定处理意见的程序文件，以改进实验室的服务质量，更好地满足委托方的要求。

8.2.2 采取跟踪服务、上门征求意见、座谈会等形式广泛收集委托方意见和建议，对委托方的意见要严肃认真对待，及时处理。

8.2.3 对上级计量管理机构、审核专家提出的改进意见，应及时讨论研究，必要时可修订质量管理体系文件。

8.2.4 如果投诉意见涉及实验室的校准或检定工作是否符合质量管理体系，以及是否符合《测试实验室和校准实验室通用要求》时，实验室要进行附加审核。

8.2.5 对委托方意见的处理要有完整的记录并归档保存，处理结果应及时通知委托方。

8.3 支持文件

CX0402-20AA《偏离的控制程序》

CX0801-20AA《意见的处理程序》

CX1101-20AA《预防措施控制程序》

CX1201-20AA《记录的控制程序》

CX1301-20AA《内部审核程序》

# ××(单位)计量分队 质量手册

| 9 不符合要求的控制 | 编号：SC09-20AA |
| | 修改次数：00 |
| | 实施日期：20BB.01.01 |
| | 第1页 共1页 |

9.1 目的

明确不符合要求的控制要求，确保不符合情况得到识别和有效控制。

9.2 要求

9.2.1 本实验室制定不符合要求的控制程序，以实现对实验室各项质量活动中出现的任何不符合要求的事项进行有效控制，防止类似情况再次发生。

9.2.2 本实验室在各项质量活动中，一旦发现不符合要求的事项，应停止工作，做好记录，及时报告。评价和处理不符合要求情况的权限和程序具体执行《不符合要求的控制程序》。

9.2.3 本实验室校准或检定工作不符合委托方要求时，执行《要求、委托书及合同的评审程序》。

9.2.4 如果不符合要求的情况可能再度发生或怀疑实验室的运行不符合其程序时，执行《纠正措施控制程序》。

9.3 支持文件

CX0401-20AA《要求、委托书及合同的评审程序》

CX0901-20AA《不符合要求的控制程序》

CX1001-20AA《纠正措施控制程序》

# ××(单位)计量分队 质量手册

| | |
|---|---|
| **10 纠正措施** | 编号：SC10-20AA |
| | 修改次数：00 |
| | 实施日期：20BB.01.01 |
| | 第1页 共1页 |

10.1 目的

纠正质量管理体系或校准、检定中出现的不符合要求情况，消除发生问题的根源并防止其再发生。

10.2 要求

10.2.1 本实验室制定纠正措施控制程序，当确认出现不符合或偏离质量管理体系规定时，为消除其产生的原因，防止再次发生，应采取纠正措施。

10.2.2 制定纠正措施时应首先找出出现不符合或偏离的根本原因，制定的措施应与问题的严重程度和风险大小相适应，最大限度地消除问题并防止问题再次发生。在纠正措施实施中，应密切跟踪进展情况，以验证纠正措施的有效性。

10.2.3 当确定不符合或偏离的情况性质比较严重，怀疑实验室的校准、检定工作是否符合《测试实验室和校准实验室通用要求》或相关规定时，在纠正措施实施后，应对进行相应的活动区域进行附加审核。

10.2.4 对不符合要求情况产生的原因、纠正措施等内容要及时记录，并归档保存。

10.3 支持文件

CX0402-20AA《偏离的控制程序》

CX0901-20AA《不符合要求的控制程序》

CX1001-20AA《纠正措施控制程序》

CX1101-20AA《预防措施控制程序》

CX1301-20AA《内部审核程序》

CX1401-20AA《管理评审程序》

# ××（单位）计量分队 质量手册

| | |
|---|---|
| **11 预防措施** | 编号：SC11-20AA |
| | 修改次数：00 |
| | 实施日期：20BB.01.01 |
| | 第1页 共1页 |

11.1 目的

明确采取预防措施的要求，消除和减少潜在的不符合要求情况的发生，主动改进质量管理体系。

11.2 要求

11.2.1 本实验室制定预防措施控制程序，以确定采取预防措施的恰当时机。

11.2.2 本实验室及时对技术方面和质量管理体系方面存在的不符合要求的潜在原因进行分析。确实需要时，启动和采取预防措施，以减少类似不符合情况发生的可能性。

11.2.3 加强检查督促，以确保预防措施实施结果的有效性。

11.2.4 对预防措施实施的结果及时进行记录，并归档保存。

11.3 支持文件

CX0201-20AA《质量监督制度》

CX1101-20AA《预防措施控制程序》

CX1301-20AA《内部审核程序》

CX1401-20AA《管理评审程序》

## ××(单位)计量分队 **质量手册**

| | |
|---|---|
| | 编号：SC12-20AA |
| 12 记录的控制 | 修改次数：00 |
| | 实施日期：20BB.01.01 |
| | 第1页 共1页 |

12.1 目的

明确记录的控制的基本要求，保证实验室各项活动具有可追溯性。

12.2 要求

12.2.1 记录是阐明取得的结果或提供完成活动的证据的文件，包括质量记录和技术记录等。本实验室开展的质量和技术活动都必须记录，记录均应及时收集、标识、编号和存档。

12.2.2 质量记录主要包括内部审核、管理评审、纠正和预防措施、合同评审、文件控制、人员培训、意见处理等与质量活动相关的记录。

12.2.3 技术记录主要包括校准、检定过程的相关记录、实验室设备记录、证书、原始记录、实验室环境条件监测记录等与技术活动相关的记录。

12.2.4 记录应包含足够的信息，按规定的格式填写，当记录出现差错时，应遵循记录的更改原则。观察结果、数据的验证应在工作中及时记录。

12.2.5 技术记录中的有效数字位数和法定计量单位的使用应正确无误。

12.2.6 对用电子媒体存储的记录，应按《记录的控制程序》中相关规定执行，并进行允许接触人员的限制和授权，以防非授权人接触和改动。

12.2.7 记录一般保存五年，测量设备档案至少保存到该设备报废，测量标准的记录保存到该标准报废后两年。

12.2.8 实验室的校准、检定原始记录，未经实验室领导批准，无关人员不得查阅。

12.3 支持文件

CX0301-20AA《文件的控制程序》

CX0302-20AA《实验室保密管理规定》

CX1201-20AA《记录的控制程序》

# ××(单位)计量分队 **质量手册**

| |
|---|
| 编号：SC13-20AA |
| 修改次数：00 |
| 实施日期：20BB.01.01 |
| 第1页 共1页 |

# 13 内部审核

13.1 目的

明确内部审核的要求，验证校准或检定工作是否符合质量管理体系和《测试实验室和校准实验室通用要求》，确保质量管理体系有效运行并持续改进。

13.2 要求

13.2.1 本实验室制定内部审核的程序，按预定计划进行内部审核。

13.2.2 内部审核应涉及质量管理体系的全部要素，一年内对所有部门、全部要求至少审核一次，必要时可根据需要随时进行附加审核，认可机构认可时要全面审核。

13.2.3 质量负责人负责组织实施内部审核。

13.2.4 内部审核组成员由质量负责人指定，应是经过培训合格并持有《内审员证》的人员，且独立于被审核活动；内部审核组负责记录此次审核活动的具体情况，编制内审报告。可外请专家进行内审，外请专家应持有《内审员证》。

13.2.5 内部审核形成的各种记录应存档。

13.2.6 如果审核中发现涉及先前出具的校准、检定证书的结果已经受到影响时，要及时书面通知受影响的委托方。

13.2.7 实验室应对纠正措施的执行情况和有效性进行验证，内部审核结果将作为管理评审的依据之一。

13.3 支持文件

CX0301-20AA《文件的控制程序》

CX0901-20AA《不符合要求的控制程序》

CX1201-20AA《记录的控制程序》

CX1301-20AA《内部审核程序》

CX1401-20AA《管理评审程序》

# ××(单位)计量分队 质量手册

| | 编号：SC14-20AA |
|---|---|
| **14 管理评审** | 修改次数：00 |
| | 实施日期：20BB.01.01 |
| | 第1页 共1页 |

14.1 目的

明确管理评审要求，确保实验室质量方针、目标的适用性和质量管理体系的持续有效性。

14.2 要求

14.2.1 本实验室制定管理评审的程序文件，以确保质量管理体系持续适宜和有效运行。

14.2.2 本实验室应根据预定计划进行管理评审，评审至少每年一次，必要时可根据需要，由实验室最高领导确定，随时进行评审。

14.2.3 实验室最高领导负责主持管理评审工作。质量负责人负责拟制年度评审计划，确定评审的时间、形式、内容、参加人员等，报实验室最高领导批准。

14.2.4 管理评审应考虑的因素有：内审报告、委托方意见和投诉、纠正和预防措施实施情况、实验室间比对或能力验证的结果等。

14.2.5 专业室负责提供与本单位有关的评审资料，负责实施管理评审中提出的相关纠正措施和预防措施。

14.2.6 评审的内容(评审输入和输出)和过程应详细记录并形成评审决策，详见《管理评审程序》，结果应纳入实验室来年工作计划。管理评审记录至少保存五年。

14.2.7 质量负责人组织汇总评审情况，形成《管理评审报告》，并报实验室最高领导批准，同时负责跟踪验证决策和措施执行的有效性。

14.3 支持文件

CX0301-20AA《文件的控制程序》

CX1201-20AA《记录的控制程序》

CX1301-20AA《内部审核程序》

CX1401-20AA《管理评审程序》

| ×× (单位) 计量分队 质量手册 | |
|---|---|
| 15 持续改进 | 编号：SC15-20AA |
| | 修改次数：00 |
| | 实施日期：20BB.01.01 |
| | 第 1 页 共 1 页 |

15.1 目的

明确持续改进要求，保证质量管理体系持续有效运行。

15.2 要求

15.2.1 实验室应贯彻质量方针和质量目标，通过信息分析、内部审核、纠正措施、预防措施和管理评审，持续改进质量管理体系并保持其有效性。

15.2.2 全体人员应树立持续改进思想，增强持续改进意识，不断提出持续改进建议。

15.2.3 全体人员应重视质量信息的收集工作。

15.2.4 实验室质量负责人要组织分析和评价现有改进措施的有效性，查找改进过程中存在的问题，制定质量改进的目标。

15.2.5 实验室技术负责人要根据分析的结果，组织制定技术改进的目标、技术方面的纠正措施和预防措施，不断提高实验室校准、检定的能力和技术水平。

15.2.6 实验室要把持续改进作为质量管理体系的重要内容，明确持续改进目标，把持续改进工作落到实处。

15.3 支持文件

CX0201-20AA《质量监督制度》

CX0401-20AA《要求、委托书及合同的评审程序》

CX0402-20AA《偏离的控制程序》

CX0801-20AA《意见的处理程序》

CX1001-20AA《纠正措施控制程序》

CX1101-20AA《预防措施控制程序》

CX1301-20AA《内部审核程序》

CX1401-20AA《管理评审程序》

# ××(单位)计量分队 质量手册

| | |
|---|---|
| **16 人 员** | 编号：SC16-20AA |
| | 修改次数：01 |
| | 实施日期：20BB.01.01 |
| | 第1页 共2页 |

16.1 目的

明确应配备人员的基本要求，确保各类人员能够具备相应的能力和资格，满足校准、检定工作的需要。

16.2 要求

16.2.1 本实验室根据校准、检定工作的需要配备相应的管理人员和技术人员，确定各岗位的职责。

16.2.2 实验室最高领导负责人员的调配和管理，质量负责人和技术负责人负责各类人员的教育和培训，本实验室支持有关人员按要求获得相关资格证书。

16.2.3 从事校准、检定工作的人员持证上岗，每个校准、检定项目保证至少有两人持证。本实验室认可的校准、检定工作资质证明包括：计量检定员证、计量系统一级计量站培训结业证、中心级计量技术机构参数培训结业证。

计量检定员证有效期10年，过期后须重新参加计量基础知识培训，考核合格人员，经上级计量管理部门批准，原证件参数有效，有效期5年。

16.2.4 审核人员应熟悉审核范围有关工作的方法、程序，掌握相关工作结果评价标准和判断方法。质量管理体系内部审核人员要持有内审员资格证书。

16.2.5 管理室负责拟制年度质量和技术培训计划，由实验室领导批准。通过培训要达到以下效果：

　　a. 熟悉国家有关计量法律、法规；

　　b. 熟悉本实验室质量方针、质量目标和岗位职责；

　　c. 掌握本专业的基础知识和专业知识；

　　d. 能够严格按照有关检定规程、校准方法和技术规范开展工作。

## ××（单位）计量分队 **质量手册**

| | |
|---|---|
| **16 人 员** | 编号：SC16-20AA |
| | 修改次数：01 |
| | 实施日期：20BB.01.01 |
| | 第 2 页 共 2 页 |

16.2.6 实验室应建立所有人员的技术档案，内容包括：

a. 技术工作简历；

b. 培训记录、合格证书；

c. 学历、资格及工作业绩资料。

16.2.7 人员技术档案、年度培训计划及有关实施结果要归档保存。

16.3 支持文件

CX1601-20AA《人员管理程序》

# ✕✕(单位)计量分队 质量手册

| |
|---|
| 编号：SC17-20AA |
| 修改次数：00 |
| 实施日期：20BB.01.01 |
| 第1页 共1页 |

## 17 设施和环境

17.1 目的

明确实验室设施和环境条件控制要求，确保其能够满足校准、检定工作需要。

17.2 要求

17.2.1 本实验室应配备满足校准、检定工作要求的设施，并进行有效管理(设施包括温湿度控制、供电、照明、采光、避光、取暖、防尘、接地、消防、屏蔽、通风等确保环境条件的设施和设备)。

17.2.2 本实验室根据各专业不同的校准、检定工作要求，分别对设施和环境条件加以控制，应保证辐射、静电、噪声、振动和电磁干扰等因素对校准、检定结果不产生影响，当发现有影响时，应立即停止校准、检定工作，直到满足要求。

17.2.3 工作场所的温度、湿度等环境条件要满足所开展校准、检定项目规定的条件，并进行监测，同时要认真填写监测记录，在开展校准、检定工作时，原始记录、证书上要记录当时的环境参数。

17.2.4 本实验室与其他单位相邻区域的设置以及实验室内不同专业工作场所的布局应合理，同时采取有效的措施(场地隔离或时间调整)，防止相互交叉污染。

17.2.5 待检件、已检件要分区存放并有明显标识，被校件或被检件的存放要符合要求。

17.2.6 对有危及安全的校准、检定工作应限定工作区域，采取有效隔离和明显警示标志，以保障人身和设备安全。

17.2.7 实验室全体人员要执行《实验室内务管理制度》，确保正常的校准、检定工作秩序。

17.2.8 离开实验室以外区域进行校准、检定工作时执行《外场计量保障管理规定》。

17.3 支持文件

CX1701-20AA《实验室设施和环境条件的控制程序》

CX1702-20AA《实验室内务管理制度》

CX1805-20AA《外场计量保障管理规定》

# ××(单位)计量分队 质量手册

| |
|---|
| 编号：SC18-20AA |
| 修改次数：00 |
| 实施日期：20BB.01.01 |
| 第1页 共3页 |

## 18 校准或检定方法及其确认

18.1 目的

明确校准或检定方法的选择、编制、评审和确认要求，保证出具数据的准确可靠。

18.2 要求

18.2.1 方法的选择

18.2.1.1 本实验室要正确选择和使用校准或检定方法，选择的方法应满足委托方的要求和适合工作需要。

18.2.1.2 本实验室对测量标准的使用和操作要依照设备的使用和操作说明书或自编的作业指导书，所有与工作相关的检定规程、校准方法、标准、自编作业指导书、使用说明书、手册和参考资料等应保证现行有效，并易于操作人员使用。

18.2.1.3 本实验室采用的校准或检定方法按如下顺序选择：国家标准、部门标准、行业标准、国际标准、上级计量管理机构发布、实验室自编并经批准的校准方法。

18.2.1.4 本实验室应确保使用的方法(标准)为最新有效版本，必要时应采用或制定附加细则或自编实施细则。

18.2.2 校准方法的编制

18.2.2.1 技术负责人负责组织制定本实验室校准方法的编写计划，并组织实施。

18.2.2.2 自编校准方法要进行验证和评审，实验室应记录和保存验证和评审的结果。

18.2.3 方法的确认

18.2.3.1 本实验室要对选用的方法进行确认，以保证该选用方法能满足校准或检定工作需要。需确认方法包括：

　　a. 非标准方法；

　　b. 实验室自制定的方法；

　　c. 超出规定适用范围的标准方法；

　　d. 补充和修改过的标准方法。

## ＸＸ（单位）计量分队 **质量手册**

| | |
|---|---|
| **18 校准或检定方法及其确认** | 编号：SC18-20AA |
| | 修改次数：00 |
| | 实施日期：20BB. 01. 01 |
| | 第2页 共3页 |

18. 2. 3. 2 对已经确认的方法进行改动时，应重新确认改动的内容。

18. 2. 3. 3 方法确认的内容一般包括：有关要求的详细说明、确定所选方法的性能、使用该方法能否满足要求的核查和有关确认结果的说明。

18. 2. 3. 4 确定方法的性能一般采用下列一种或几种方法组合的手段：

a. 使用参考标准进行校准；

b. 与其他方法所得到的结果进行比较；

c. 实验室间的比对；

d. 对影响结果的因素作系统性的评审；

e. 根据对方法理论原理的科学理解和实践经验，对所得结果的测量不确定度进行评定。

18. 2. 3. 5 本实验室应记录和保存方法确认的结果。

18. 2. 4 测量不确定度的评定

18. 2. 4. 1 本实验室制定测量不确定度评定的程序。

18. 2. 4. 2 如果委托方对校准的不确定度有要求，应根据所获得的信息和实际情况对出具的校准证书给出测量不确定度，评定不确定度时要充分考虑影响不确定度的各种因素，对重要的不确定度分量均应采用适当的分析方法予以评定。

18. 2. 5 数据的控制

18. 2. 5. 1 在进行校准、检定记录核查时，要对数据转换的过程和结果进行检查和校核。

18. 2. 5. 2 当利用计算机、自动化设备或网络对校准或检定结果或数据进行采集、处理、记录、报告、存储、检索和传输时，按《实验室保密管理规定》执行，确保数据的完整性、安全性和保密性。

×× (单位) 计量分队 **质量手册**

| | |
|---|---|
| | 编号：SC18-20AA |
| **18 校准或检定方法及其确认** | 修改次数：00 |
| | 实施日期：20BB.01.01 |
| | 第3页 共3页 |

18.3 支持文件

CX0301-20AA《文件的控制程序》

CX0302-20AA《实验室保密管理规定》

CX0402-20AA《偏离的控制程序》

CX1201-20AA《记录的控制程序》

CX1801-20AA《测量不确定度评定程序》

CX1802-20AA《校准或检定程序》

CX1803-20AA《校准、检定方法控制程序》

CX1804-20AA《非标准方法的选用、编制和评审程序》

CX1805-20AA《外场计量保障管理规定》

# ××（单位）计量分队 质量手册

| | |
|---|---|
| **19 设 备** | 编号：SC19-20AA |
| | 修改次数：00 |
| | 实施日期：20BB.01.01 |
| | 第1页 共2页 |

19.1 目的

明确校准、检定所需设备的控制要求，确保满足校准、检定工作需要。

19.2 要求

19.2.1 本实验室应配备满足校准、检定工作所需的全部设备。使用控制范围外的设备时需对其进行校准、检定，证明其满足技术要求。

19.2.2 本实验室制定设备控制管理规定，以保证符合《测试实验室和校准实验室通用要求》对设备进行控制的要求。

19.2.3 新购置的测量设备经校准、检定合格后，确定能满足使用要求方可启用。测量设备封存后启封或经修复后，应再进行校准或检定，方能继续使用。

19.2.4 所有设备均应指定专人负责，计量组应配备设备的使用维护说明书或操作方法，以便于使用。本实验室对使用测量设备的人员进行培训，熟悉性能和操作方法，经考核上岗，做到熟练操作，安全使用。测量设备进行校准、检定工作时，使用人需持该项参数计量检定员证。

19.2.5 所有测量设备均应有标明其校准或检定状态的明显标识。

19.2.6 所有测量标准必须建立和保存完整的档案，档案应保存至标准报废两年后。

19.2.7 测量设备离开实验室开展工作时，应按《设备控制管理规定》和《外场计量保障管理规定》中相关规定执行。

19.2.8 测量设备使用过程中，因过载运行或操作不当而产生可疑结果或出现故障时，应立即停止使用，撤离现场，粘贴"停用"标识，以防误用，直到修复并经校准、检定合格后，方能继续使用。同时对过去进行的校准、检定造成的影响要进行评价，按《不符合要求的控制程序》执行。

19.2.9 当需要用周期内的核查来保持设备校准状态的可信度时，按《校准或检定结果质量控制程序》执行。

××(单位)计量分队 **质量手册**

| |
|---|
| 编号：SC19-20AA |
| 修改次数：00 |
| 实施日期：20BB.01.01 |
| 第2页　共2页 |

# 19 设 备

19.2.10 本实验室建立测量设备的台账和校准、检定计划，并严格按照计划进行校准或检定。

19.2.11 当测量设备经校准后产生了一组新的修正因子，应保证在以后的工作中，在所有场合的计算程序(包括计算机软件)中都得到更新，以免造成差错。

19.2.12 测量设备的调整由专人管理，必须经相应的批准，以防止未经授权或错误调整造成校准、检定结果的失效。

19.3 注：本实验室无标准物质。

19.4 支持文件

CX0901-20AA《不符合要求的控制程序》

CX1805-20AA《外场计量保障管理规定》

CX1901-20AA《设备控制管理规定》

CX1902-20AA《设备标识规定》

CX2001-20AA《测量标准溯源程序》

CX2201-20AA《校准或检定结果质量控制程序》

# ××(单位)计量分队 **质量手册**

| 20　测量溯源性 | 编号：SC20-20AA |
| --- | --- |
| | 修改次数：00 |
| | 实施日期：20BB.01.01 |
| | 第1页　共2页 |

20.1　目的

明确测量设备量值的溯源性要求，保证校准、检定结果的准确性、有效性和可靠性。

20.2　要求

20.2.1　本实验室制定程序文件以保证所有用于校准、检定的测量设备及辅助测量设备在首次使用、日常使用或执行重要工作任务前都得到校准或检定。

20.2.2　本实验室建立的测量标准经上级计量主管部门考核合格后方可开展校准、检定工作。

20.2.3　本实验室应编制年度溯源计划及核查计划，并保证其能够有效实施。

20.2.4　本实验室的测量设备应按国家计量检定系统表或测量标准量值溯源等级图通过不间断的溯源链溯源到国家基准。当不能满足溯源要求时，要申请参加国家组织的实验室之间的比对或能力验证。

20.2.5　测量标准的溯源要求适用于开展测试工作的测量设备和具有测量功能的测试设备。

20.2.6　测量标准应溯源到能证明其资格、测量能力和溯源性的校准实验室，以保证测量溯源性。具备溯源能力资格的实验室包括：

a. 按国家标准 GB/T 27025—2019 认可的校准实验室；

b. 按国际标准 ISO/IEC 17025:2017 认可的校准实验室；

c. 按国家军用标准 GJB 2725A—2001 认可的校准实验室。

20.2.7　本实验室参照《国家检定系统表》，编制测量标准溯源等级图。

20.2.8　测量标准要有专人负责维护保管，确保其量值处于受控状态。

20.2.9　在两次校准或检定之间，要对测量标准设备进行核查。

20.2.10　一般情况下，标准设备只允许用于校准、检定工作，不准用于其他工作，特殊情况下需挪作他用或外借时，必须经实验室最高领导批准，同时保证不会造成标准设备失效。

# ╳╳(单位)计量分队 质量手册

| | |
|---|---|
| **20 测量溯源性** | 编号：SC20-20AA |
| | 修改次数：00 |
| | 实施日期：20BB.01.01 |
| | 第2页 共2页 |

20.2.11 未经批准，严禁对测量标准进行调整，如果发现存在问题或指标不符合要求时，在调整前应做记录，调整后应进行校准或检定，以便考查调整结果对标准设备性能的影响。

20.3 支持文件

CX1802-20AA《校准或检定程序》

CX1803-20AA《校准、检定方法控制程序》

CX1901-20AA《设备控制管理规定》

CX2001-20AA《测量标准溯源程序》

CX2201-20AA《校准或检定结果质量控制程序》

# ××(单位)计量分队 质量手册

| | |
|---|---|
| **21 被校件或被检件的处置** | 编号：SC21-20AA |
| | 修改次数：00 |
| | 实施日期：20BB.01.01 |
| | 第1页 共1页 |

21.1 目的

明确对被校件或被检件的处置要求，确保被校件或被检件在实验室内流转期间完好、可追溯，满足校准、检定要求。

21.2 要求

21.2.1 本实验室制定用于被校件或被检件的运输、接收、处置、保护、储存和处理的程序，以保护委托方和实验室的利益。

21.2.2 被校件或被检件在实验室内接收、处置按照《被校件或被检件的处置程序》中相关规定执行，经校准或检定后的状态标识按照《设备标识规定》中相关规定执行。

21.2.3 本实验室设置符合环境条件的收发室，明确区分被校件或被检件的处置状态，保证其在储存、准备或处置期间不会出现遗漏、变质、丢失或损坏。

21.2.4 当发现被校件或被检件出现异常或技术状态偏离时，应及时与委托方沟通，并做好记录。

21.3 支持文件

CX1902-20AA《设备标识规定》

CX2101-20AA《被校件或被检件的处置程序》

# ××(单位)计量分队 **质量手册**

| | |
|---|---|
| **22 校准或检定结果的质量保证** | 编号：SC22-20AA |
| | 修改次数：00 |
| | 实施日期：20BB.01.01 |
| | 第1页 共1页 |

22.1 目的

明确通过核查的方法对实验室校准或检定结果实施质量控制的要求，确保校准或检定结果的质量。

22.2 要求

22.2.1 本实验室制定核查校准或检定结果质量的控制程序，以验证校准或检定活动的有效性和校准或检定结果的准确性。

22.2.2 实验室根据年度工作安排编制标准设备核查计划。

22.2.3 实验室应组织对核查的方法进行评审，并进行记录。

22.2.4 核查中发现异常情况应及时报告技术负责人并采取相应措施，如果影响向委托方已出具的校准或检定证书的正确性时，应及时通知委托方。

22.3 支持文件

CX0901-20AA《不符合要求的控制程序》

CX2201-20AA《校准或检定结果质量控制程序》

## ××(单位)计量分队 质量手册

| | |
|---|---|
| **23　结果的报告** | 编号：SC23-20AA |
| | 修改次数：00 |
| | 实施日期：20BB.01.01 |
| | 第1页　共1页 |

23.1　目的

明确校准或检定结果证书的填写和管理要求，确保出具的证书符合规定的要求。

23.2　要求

23.2.1　本实验室根据校准、检定结果出具相应的校准证书、检定证书、检定结果通知书，同时对被校件或被检件给出合格、限用或停用标识。

23.2.2　校准或检定证书仅说明被校件或被检件的参数和功能测试的结果。如果委托方需要做符合性说明时，应说明符合的指标要求。

23.2.3　本实验室的分包采用整机分包，不进行部分参数分包，所分包的工作由分包方出具校准证书或检定证书。

23.2.4　本实验室的证书一般不使用电子传输，当校准或检定结果确需用电传、传真、网络及其他传媒传送时，按保密相关规定执行，并确保数据的完整性、安全性和保密性。

23.2.5　校准或检定证书格式和内容要全面、清晰，要有规定人员的签字，详见《证书的编写规定》。

23.2.6　当委托方的校准或检定证书因丢失等原因需要补发时，上报实验室领导，批准后方可补发，新补发的证书上要标明原证书号和补发日期。

23.2.7　证书的审核、签发、修改和管理具体执行《证书的管理规定》。

23.3　支持文件

CX0301-20AA《文件的控制程序》

CX2301-20AA《证书的编写规定》

CX2302-20AA《证书的管理规定》

CX2303-20AA《计量印章管理规定》

# 第五章 《程序文件》编写实例

××(单位)计量分队

发放号:

# 校准实验室
# 程序文件
## (××版)

编写: _____××_____

校对: _____××_____

批准: _____××_____

发布日期: _____     实施日期: _____

# ××(单位)计量分队 程序文件

## 《程序文件》更换记录

| 序号 | 更改单号 | 更换页 | 文件编号 | 更换人 | 实施日期 |
|---|---|---|---|---|---|
| | | | | | |
| | | | | | |
| | | | | | |
| | | | | | |
| | | | | | |
| | | | | | |
| | | | | | |
| | | | | | |
| | | | | | |
| | | | | | |
| | | | | | |
| | | | | | |
| | | | | | |
| | | | | | |
| | | | | | |
| | | | | | |
| | | | | | |
| | | | | | |
| | | | | | |

# ××(单位)计量分队 程序文件

## 《程序文件》修订记录

| 序号 | 文件编号 | 修订页 | 修订内容 | 修订人 | 实施日期 |
|---|---|---|---|---|---|
|  |  |  |  |  |  |
|  |  |  |  |  |  |
|  |  |  |  |  |  |
|  |  |  |  |  |  |
|  |  |  |  |  |  |
|  |  |  |  |  |  |
|  |  |  |  |  |  |
|  |  |  |  |  |  |
|  |  |  |  |  |  |
|  |  |  |  |  |  |
|  |  |  |  |  |  |
|  |  |  |  |  |  |
|  |  |  |  |  |  |
|  |  |  |  |  |  |
|  |  |  |  |  |  |
|  |  |  |  |  |  |
|  |  |  |  |  |  |
|  |  |  |  |  |  |
|  |  |  |  |  |  |
|  |  |  |  |  |  |

# ╳╳(单位)计量分队 程序文件

|  | 编号：CX0000-20AA |
|---|---|
| **目 录** | 修改次数：00 |
| | 实施日期：20BB.01.01 |
| | 第1页 共2页 |

| 文件名称 | 文件编号 |
|---|---|
| 目录 | CX0000-20AA |
| 1 质量监督制度 | CX0201-20AA |
| 2 质量方针和质量目标控制程序 | CX0202-20AA |
| 3 文件的控制程序 | CX0301-20AA |
| 4 实验室保密管理规定 | CX0302-20AA |
| 5 要求、委托书及合同的评审程序 | CX0401-20AA |
| 6 偏离的控制程序 | CX0402-20AA |
| 7 分包程序 | CX0501-20AA |
| 8 服务和供应品的采购程序 | CX0601-20AA |
| 9 对委托方的服务程序 | CX0701-20AA |
| 10 意见的处理程序 | CX0801-20AA |
| 11 不符合要求的控制程序 | CX0901-20AA |
| 12 纠正措施控制程序 | CX1001-20AA |
| 13 预防措施控制程序 | CX1101-20AA |
| 14 记录的控制程序 | CX1201-20AA |
| 15 内部审核程序 | CX1301-20AA |
| 16 管理评审程序 | CX1401-20AA |
| 17 人员管理程序 | CX1601-20AA |
| 18 实验室设施和环境条件的控制程序 | CX1701-20AA |
| 19 实验室内务管理制度 | CX1702-20AA |
| 20 测量不确定度评定程序 | CX1801-20AA |
| 21 校准或检定程序 | CX1802-20AA |
| 22 校准、检定方法控制程序 | CX1803-20AA |
| 23 非标准方法的选用、编制和评审程序 | CX1804-20AA |
| 24 外场计量保障管理规定 | CX1805-20AA |
| 25 测量标准控制管理规定 | CX1901-20AA |

# ××(单位)计量分队 程序文件

| | |
|---|---|
| | 编号：CX0000-20AA |
| 目　录 | 修改次数：00 |
| | 实施日期：20BB.01.01 |
| | 第2页 共2页 |

# ××（单位）计量分队 程序文件

| | |
|---|---|
| **质量监督制度** | 编号：CX0201-20AA<br>修改次数：00<br>实施日期：20BB.01.01<br>第1页 共1页 |

为确保实验室质量监督工作质量，依据实验室《质量手册》有关要求，制定本制度。

1 本实验室在每个技术组配备熟悉校准、检定方法和程序，并熟悉如何评定校准、检定结果的质量监督人员，对各项工作和活动实施有效的质量监督。

2 质量监督人员由实验室最高领导授权，应按其职责和分工有效地开展工作。

3 监督内容主要包括质量管理体系运行情况及相关质量活动，校准或检定工作中设备的状态、人员的操作、环境条件、原始记录、证书的质量等。

4 质量监督人员每季度至少开展一次质量监督活动，质量负责人根据实际工作和质量管理情况可增加监督频次。

5 质量监督人员对监督活动应有专门的记录，对发现的问题有权要求相关的人员予以纠正，并根据实施监督检查的情况，提出意见和建议。

6 质量负责人对质量监督中发现的问题及时进行处理，如果发现的问题影响范围比较大，后果比较严重，应组织附加内部审核。

7 质量监督记录每年至少归档一次。

8 相关文件

CX1201-20AA《记录的控制程序》

9 支持文件

ZY0201-20AA《质量监督记录表》

# ××(单位)计量分队 **程序文件**

| | |
|---|---|
| **质量方针和质量目标控制程序** | 编号：CX0202-20AA |
| | 修改次数：00 |
| | 实施日期：20BB.01.01 |
| | 第1页 共2页 |

为保持实验室质量方针和质量目标的持续适宜性和有效性，依据实验室《质量手册》有关要求，制定本程序。

1 质量方针

1.1 质量方针的策划与制定应确保：与组织的宗旨相适应；包括满足要求和持续改进质量管理体系有效性的承诺；提供制定和评审质量目标的框架。

1.2 质量方针一经发布，各级领导利用各种会议进行宣讲，使全体人员充分理解其内涵。

1.3 质量方针应根据本实验室发展和任务的变化，对其充分性和适宜性进行评审。

1.4 本实验室的质量方针为：(与《质量手册》保持一致)。

2 质量目标

2.1 质量目标是质量方针的具体体现，具有可测量、可检查、可评价性。

2.2 年度目标考核的时间段指质量年度，即上次考核和本次考核之间的时间。质量目标的测量和考核工作由质量负责人负责，原则上每年进行一次。管理组负责过程中的数据整理、统计分析、记录等工作。

2.3 质量目标测量的说明和计算公式分别如下：

2.3.1 测量标准受检率(100%)

$$测量标准受检率 = \frac{已受检标准设备台数}{应受检标准设备台数} \times 100\%$$

注：标准设备包括测量标准主标准器和配套设备，不计算封存设备数量。

2.3.2 在用技术文件现行有效率(100%)

$$在用技术文件现行有效率 = 1 - \frac{使用失效技术文件个数}{在用技术文件总数} \times 100\%$$

注：失效技术文件是指为非受控、非最新版本等不符合现场工作要求的文件。

# ××(单位)计量分队 程序文件

| 质量方针和质量目标控制程序 | 编号：CX0202-20AA |
| --- | --- |
| | 修改次数：00 |
| | 实施日期：20BB.01.01 |
| | 第2页 共2页 |

2.3.3 人员培训合格率(≥97%)

$$人员培训合格率 = \frac{人员培训合格数量}{人员培训总数量} \times 100\%$$

注：人员培训内容包括质量体系培训和岗位技能培训。

2.3.4 委托方满意率(≥95%)

$$委托方满意率 = \frac{满意次数}{满意度调查次数} \times 100\%$$

注：委托方满意率按照实验室发出的《计量保障满意度调查表》进行统计。

2.3.5 质量责任事故(0)

质量责任事故是指发生人为差错引起因质量问题而返回重新校准、检定的事故。

2.3.6 证书差错率(≤1%)

$$证书差错率 = \frac{出错证书数量}{出具证书总数量} \times 100\%$$

3 质量方针和质量目标的修订

3.1 在管理评审时，根据质量方针的执行情况和质量目标的完成情况，评审质量方针和质量目标的适宜性和有效性。

3.2 当质量方针或质量目标需要修订时，由管理组负责具体修订工作。质量负责人提出修订的初步意见，报实验室最高领导批准后，按《文件的控制程序》实施更改，并向实验室全体人员宣贯。

4 相关文件

CX0301-20AA《文件的控制程序》

CX1401-20AA《管理评审程序》

5 支持文件

ZY0202-20AA《质量目标考核记录表》

ZY1403-20AA《管理评审报告》

# ××(单位)计量分队 程序文件

| | |
|---|---|
| **文件的控制程序** | 编号：CX0301-20AA |
| | 修改次数：01 |
| | 实施日期：20BB.01.01 |
| | 第1页　共5页 |

为加强质量管理体系文件的控制与管理，保证文件的现行有效性和持续适宜性，依据实验室《质量手册》有关要求，制定本程序。

1　文件的编制、修订、批准

1.1　本实验室质量管理体系文件由质量负责人组织编制和修订，由实验室最高领导批准发布。

1.2　本实验室质量管理体系文件依据质量体系内部审核、管理评审结果和实际工作的变化情况，及时进行修订，使其持续有效运行。

1.3　本实验室不允许对手写修改的实验室质量管理体系文件进行发布。确需手写修改的文件，应在修改处注明："修改"、修改人签名、修改日期，经批准后应尽快将修改的内容打印发布。

2　文件的结构

2.1　本实验室质量管理体系文件主要包括《质量手册》《程序文件》《作业文件》和为保证实验室有效工作所需的其他文件。其他文件包括自编文件(包括校准方法、作业指导书和核查方法等)和外来文件(包括检定规程、说明书和使用手册等)。

2.2　《质量手册》《程序文件》《作业文件》的封面内容主要包括实验室名称、文件名称、版本号、受控编号、密级、文件编写人、校对人、审核人、批准人、批准日期、发布和实施日期。其中，版本号由年号和版次号组成，格式为：

××××　×

(1)　　(2)

注：

(1)年号，表示文件编写的年份，如：2012；

(2)版次号，表示文件的换版次数，按A，B，C，…，依次排序。

2.3　《质量手册》《程序文件》和《作业文件》分别由单个独立子文件汇编组成，每个子文件由文头和正文组成。

2.3.1　文头由实验室名称、文件名称、文件编号、修改次数、文件实施日期、页码、总页数组成。

# ××（单位）计量分队 程序文件

| | |
|---|---|
| **文件的控制程序** | 编号：CX0301-20AA<br>修改次数：01<br>实施日期：20BB.01.01<br>第2页 共5页 |

2.3.2 《质量手册》中的子文件依据《测试实验室和校准实验室通用要求》章节内容要求，分章节对应编写。

2.3.3 《程序文件》中的子文件依据《质量手册》各章节子文件的要求，采用单个文件的方式独立编写。

2.3.4 《作业文件》中的子文件依据《程序文件》子文件的要求，采用单个文件的方式独立编写。

2.3.5 子文件的编号

a. 子文件编号由代号、章节号、顺序号、发行年号组成，格式为：

×× ×× ××-××××
（1） （2） （3） （4）

注：

（1）代号，《质量手册》代号为 SC，《程序文件》代号为 CX，《作业文件》代号为 ZY；

（2）章节号，表示同一类文件中不同章节编排顺序，按 00，01，02，03，…，依次排序；（00 为正文前文件和正文后附录的章节号）

（3）顺序号，表示同一类文件中不同种文件编排顺序，按 01，02，03，…，依次排序；（《质量手册》中无此项）

（4）发行年号，表示文件发行年份，如 20BB。

b. 子文件修改次数用两位数字来表示，按 00，01，02，…，依次排序。

2.4 实验室有效工作所需的自编文件（校准方法、作业指导书和核查方法等）由封面和正文组成。封面内容主要包括实验室名称、文件名称、文件编号、密级、编写人、发布日期和实施日期。其中文件编号由文件代号、流水号和版次号组成，格式为：

××-×××× ×
（1） （2） （3）

注：

（1）文件代号，校准方法代号为 JZ，作业指导书代号为 ZD，核查方法代号为 HC；

（2）流水号，表示各专业同一类型文件中不同文件的编号，管理组按 1001，1002，1003，…，依次排序；通装组按 2001，2002，2003，…，依次排序；专装组按 3001，3002，3003，…，依次排序；

（3）版次号，表示文件的换版次数，按 A，B，C，…，依次排序，可缺省。

# ××（单位）计量分队 **程序文件**

## 文件的控制程序

编号：CX0301-20AA

修改次数：01

实施日期：20BB.01.01

第 3 页 共 5 页

2.5 自编文件经评审后，统一发布实施。

3 文件的发放和控制

3.1 实验室质量管理体系文件采用正副本控制方式。质量体系文件中涉及的人员签字、印章，只在正本文件中签字或盖章，副本经复印产生。正本存放管理组，副本加盖受控文件印章，进行受控管理。实验室质量管理体系文件密级定为内部资料。

3.2 管理组负责实验室质量管理体系文件副本的印刷和装订工作，装订形式采用活页式结构。

3.3 实验室质量管理体系文件的发放对象和受控文件种类由实验室质量负责人确定。《质量手册》《程序文件》和《作业文件》，按照印发数量分别进行编号，发放号为01，02，03，…，依次排序。

3.4 修订批准后的质量管理体系文件由管理组负责加盖受控印章和发放。同时收回被取代的文件，并进行记录。

3.5 人员离岗时，本人所保管的质量管理体系文件须办理移交手续。

3.6 实验室质量管理体系文件的复制必须经实验室最高领导或质量负责人批准，并按照相关文件复制规定执行。

3.7 无效或作废文件应及时收回并销毁，防止使用无效或作废的文件。

4 外来文件的控制

4.1 外来文件包括法规性文件与非法规性技术文件，法规性文件如国家计量检定规程、国家和行业标准等，在计量检定或校准过程中可直接引用；非法规性技术文件如专业检测设备的计量手册，由实验室领导组织评审，经批准后方可引用。

4.2 外来文件属于受控文件，由管理组负责受控编号、加盖受控章、编制现行受控文件清单。

4.3 受控文件编号规则。

# ××（单位）计量分队 **程序文件**

|  |  |
|---|---|
| **文件的控制程序** | 编号：CX0301-20AA |
| | 修改次数：01 |
| | 实施日期：20BB.01.01 |
| | 第4页 共5页 |

受控编号格式为：

　×　　×　　××××

（1）　（2）　　（3）

注：

（1）部门代号，管理组代号为1，通装组代号为2，专装组代号为3；

（2）专业代号，管理类0、电磁1、无线电2、扭矩3、压力4、长度5、其他专业6；

（3）顺序号，文件编排流水，按0001，0002，0003，…，依次排序。

5　文件的保存

5.1　管理组与技术组使用的质量管理体系文件必须妥善保管，任何人不得在受控文件上乱涂画改，不准私自外借或复制，确保文件清晰、易于识别。

5.2　指定管理组组长与技术组组长保管本组相关受控文件。管理组保管实验室受控文件总台账，技术组保管本组受控文件分台账，以便于检索。

5.3　文件在使用过程中须加强管理，防止文件的损坏、丢失。当所用文件损坏严重影响使用时，文件持有人应办理更换手续；当受控文件丢失时，使用人应及时向实验室领导报告，说明丢失情况，待查明原因，按有关规定处理后，办理补发手续。

5.4　管理组协助技术组定期对外来文件进行检索，及时更换有效版本。技术组在现行文件的使用、保存、借阅、复制、销毁和向外部提供等环节中，应保证严格保密、及时归档。

5.5　实验室保存在电子媒体上的文件，按《实验室保密管理规定》的相关要求进行控制。

5.6　其他技术资料参考受控文件进行编号管理，并建立台账。编号格式为：

　×-××××

（1）　（2）

注：

（1）部门代号，管理组代号为G，通装组代号为T，专装组代号为Z；

（2）顺序号，资料编排流水，按0001，0002，0003，…，依次排序。

# ××(单位)计量分队 程序文件

| 文件的控制程序 | 编号：CX0301-20AA |
| | 修改次数：01 |
| | 实施日期：20BB.01.01 |
| | 第 5 页 共 5 页 |

6 相关文件

CX0302-20AA《实验室保密管理规定》

CX1201-20AA《记录的控制程序》

CX1803-20AA《校准、检定方法控制程序》

CX1804-20AA《非标准方法的选用、编制和评审程序》

7 支持文件

ZY0301-20AA《现行受控文件清单》

ZY0302-20AA《文件更改记录单》

ZY0303-20AA《文件发放记录表》

ZY0304-20AA《文件回收记录表》

ZY0305-20AA《文件(资料)借阅登记表》

ZY0306-20AA《文件复制记录表》

ZY0307-20AA《文件销毁记录表》

ZY0308-20AA《校准或检定软件评审表》

# ××（单位）计量分队 程序文件

| 实验室保密管理规定 | 编号：CX0302-20AA |
| --- | --- |
| | 修改次数：01 |
| | 实施日期：20BB.01.01 |
| | 第1页 共1页 |

为确保实验室对校准或检定用计算机、软件、重要文件、记录的有效管理，依据实验室《质量手册》有关要求，制定本规定。

1  本实验室所有计算机和自动化设备都应指定专人负责使用、维护、管理。

2  管理组组长与技术组组长负责本组校准或检定用计算机和自动化设备的管理维护，并提供必要的运行条件，确保其功能正常，保证数据输入、采集、存贮、传输及处理的完整性、安全性和保密性。

3  校准或检定用计算机应设置密码，禁止其他人员未经允许使用计算机或修改计算机数据。

4  在测量标准建标过程中，应由技术负责人组织对专用软件进行评审。检定人员在开展校准或检定工作前应检查计算机或自动化设备状态和软件是否正常，如有异常现象应停止工作，并采取必要措施。

5  指定专人管理质量管理体系运行过程中形成的各种质量记录与技术记录，以电子媒体形式保存的文件记录，为防止数据信息被修改，应进行只读或其他技术处理。

5.1  技术组组长负责管理本组本年形成的质量记录与技术记录（含电子媒体记录），每年12月31日技术组汇总本组本年记录，交管理组存档、备份。

5.2  管理组组长负责保管计量分队最近5年的质量记录与技术记录（含电子媒体记录）。超过保存期限的记录，依据《文件的控制程序》与《记录的控制程序》进行销毁。

6  相关文件

CX0301-20AA《文件的控制程序》

CX1201-20AA《记录的控制程序》

7  支持文件

ZY0308-20AA《校准或检定软件评审表》

# ××(单位)计量分队 程序文件

| | |
|---|---|
| 要求、委托书及合同的评审程序 | 编号：CX0401-20AA |
| | 修改次数：00 |
| | 实施日期：20BB.01.01 |
| | 第1页 共1页 |

为充分理解委托方的要求，评价是否具备满足合同要求的能力，依据实验室《质量手册》有关要求，制定本程序。

1 实验室应加强与委托方的联系，充分了解委托方的期望和需求。

2 实验室应对委托方的要求进行评审，评审由技术负责人组织，评审的内容应包括：

a. 委托方的要求是否明确、合理；

b. 实验室技术能力和资源是否满足要求；

c. 校准或检定方法是否符合委托方的技术要求；

d. 若需分包，分包方是否符合委托方的要求。

3 在《计量业务委托单》相关栏目中应注明委托方的期望和要求。

4 对于分包的评审，执行《分包程序》，并做好相关记录。

5 在校准或检定工作过程中，如委托方提出新的要求或因本实验室原因出现偏离合同要求时，需重新进行评审。评审涉及修改的内容由管理组及时通知委托方、分包方和相关技术组。

6 评审记录、电话记录或传真等相关记录由管理组归档保管。

7 相关文件

CX0501-20AA《分包程序》

8 支持文件

ZY0401-20AA《要求、委托书及合同的评审记录表》

ZY2101-20AA《计量业务委托单》

# ××(单位)计量分队 程序文件

| | |
|---|---|
| **偏离的控制程序** | 编号：CX0402-20AA |
| | 修改次数：00 |
| | 实施日期：20BB.01.01 |
| | 第1页 共1页 |

　　为加强对偏离情况的控制管理，依据实验室《质量手册》有关要求，制定本程序。

　　1　实验室在执行委托方要求的服务时，如发现偏离合同规定的情况时，应及时和委托方联系，提出处理意见，如需要对合同进行修改，按《要求、委托书及合同的评审程序》执行。

　　2　当在工作过程中出现偏离实验室规定的校准和检定方法要求时，校准和检定人员要做好记录，并报技术负责人进行处理，必要时要对偏离情况进行评审，并给出评审结论。

　　3　在检定校准、期间核查、计量确认、质量监督过程中，出现数据异常，校准和检定人员应选择适当的核查方法对数据进行核查、分析，如属被校件或被检件故障，报质量负责人进行处理；如属测量标准、方法、人员和环境等问题，应立即停止工作，做好记录，报技术负责人进行处理。技术负责人应组织偏离情况评审，追溯故障测量标准前期开展的工作。

　　4　相关文件

　　CX0401-20AA《要求、委托书及合同的评审程序》

　　5　支持文件

　　ZY0402-20AA《偏离情况评审表》

# ××(单位)计量分队 程序文件

## 分包程序

编号：CX0501-20AA

修改次数：00

实施日期：20BB.01.01

第1页　共1页

为规范分包工作，确保分包工作符合规定要求，依据实验室《质量手册》有关要求，制定本程序。

1　实验室应及时收集上级计量管理部门发布的合格实验室名录和相关资质证明材料。

2　技术负责人组织对分包方进行评审，评审内容包括：分包方的资质证明、认可证书的有效性、分包项目的技术能力等。建立满足实验室需要的合格分包方名录。

3　根据委托方要求和工作实际，实验室统一选择分包方。

4　技术组与送检单位共同负责分包设备的外送、取回和交接工作。

5　管理组对分包设备进行登记和汇总，技术组对分包方出具的结果进行确认并粘贴标识。

6　管理组负责保管实验室分包工作的相关记录。

7　相关文件

CX0401-20AA《要求、委托书及合同的评审程序》

8　支持文件

ZY0501-20AA《分包方评审记录表》

ZY0502-20AA《合格分包方名录》

ZY0503-20AA《分包设备校准、检定结果确认表》

# ××(单位)计量分队 程序文件

| | |
|---|---|
| 服务和供应品的采购程序 | 编号：CX0601-20AA |
| | 修改次数：00 |
| | 实施日期：20BB.01.01 |
| | 第1页 共2页 |

为确保外部服务的质量和采购的供应品符合技术要求，依据实验室《质量手册》有关要求，制定本程序。

1  服务的采购

1.1  本实验室对服务的采购包括：

a. 实验室以外的单位提供的测试、校准或检定服务；

b. 仪器设备的供方进行的售后服务或故障维修；

c. 实验室以外的单位提供的包装、运输等活动；

d. 技术支撑性服务。

1.2  服务的采购要求

a. 实验室按照校准和检定工作需要，选择满足要求的外部服务。

b. 技术负责人负责组织外部服务的评审，给出评审结论并编制合格供方名录。评审内容包括：外部服务单位的资格证明、认可证书的有效性、服务项目的技术能力等。

c. 质量负责人适时组织监督外部服务落实情况，检查验收服务项目。

2  供应品的采购

2.1  供应品是指本实验室开展校准和检定有关的设备和消耗品，使用前应进行检查、验收。

2.2  测量标准设备的申购应进行充分的调查、选型。

2.3  实验室根据工作需要统一编报采购计划，按照有关规定进行采购。

2.4  供应品的贮存一般由管理组和技术组负责，贮存条件要符合产品技术要求。

2.5  供应品的验收、领用、发放按相关规定执行。

# ××(单位)计量分队 程序文件

## 服务和供应品的采购程序

编号：CX0601-20AA

修改次数：00

实施日期：20BB.01.01

第2页 共2页

3 相关文件

CX1201-20AA《记录的控制程序》

CX1901-20AA《测量标准控制管理规定》

CX2001-20AA《测量标准溯源程序》

4 支持文件

ZY0601-20AA《外部服务评审记录表》

ZY0602-20AA《合格供方名录》

# ＸＸ(单位)计量分队 程序文件

| | |
|---|---|
| **对委托方的服务程序** | 编号：CX0701-20AA |
| | 修改次数：00 |
| | 实施日期：20BB.01.01 |
| | 第1页　共1页 |

为保护委托方利益，满足委托方要求，依据实验室《质量手册》有关要求，制定本程序。

1　技术负责人主管对委托方服务的日常工作，及时组织人员详细了解委托方的需求，确保满足要求的服务方式和服务内容的落实。

2　技术组为委托方提供服务，出现偏离合同时，执行《偏离的控制程序》。

3　技术组要及时记录委托方通过各种方式所表达技术和服务方面的需求，并汇总至管理组。

4　本实验室采用《计量保障满意度调查表》的形式主动收集委托方的意见，用于评价和改进质量管理体系，提高校准、检定水平和服务质量，记录由管理组负责保存。

5　本实验室不得使用委托方所拥有的知识产权去牟取利益；不得泄露委托方所拥有的知识产权侵害其利益；不得泄露委托方拥有的国家秘密等。

6　相关文件

CX0401-20AA《要求、委托书及合同的评审程序》

CX0402-20AA《偏离的控制程序》

CX0801-20AA《意见的处理程序》

7　支持文件

ZY0701-20AA《计量保障满意度调查表》

ZY0801-20AA《意见处理登记表》

# ××(单位)计量分队 程序文件

| 意见的处理程序 | 编号：CX0801-20AA |
| --- | --- |
| | 修改次数：00 |
| | 实施日期：20BB.01.01 |
| | 第 1 页 共 1 页 |

为提高实验室的服务质量，更好满足委托方的要求，及时处理各方面的意见，依据实验室《质量手册》有关要求，制定本程序。

1 实验室应重视收集来自委托方或其他方面的意见，妥善保管申诉、投诉等材料。

2 管理组负责及时汇总技术组收集的意见。

3 实验室对委托方的意见要及时汇总和分类，认真地进行调查核实。

4 属于技术方面的意见，由技术负责人组织分析原因，确定涉及的工作范围和具体专业，相关责任人提出处理意见或建议，并实施。

5 属于质量方面的意见，由质量负责人组织分析原因，相关责任人提出处理意见或建议，制定改进措施，并实施。

6 属于涉及实验室质量管理体系方面的意见，由质量负责人组织内审人员，按《内部审核程序》进行附加审核。

7 实验室要定期组织对委托方的满意度进行评定，并做好记录，作为管理评审的依据之一。

8 相关文件

CX1301-20AA《内部审核程序》

9 支持文件

ZY0801-20AA《意见处理登记表》

# ××(单位)计量分队 程序文件

| | |
|---|---|
| **不符合要求的控制程序** | 编号：CX0901-20AA |
| | 修改次数：00 |
| | 实施日期：20BB.01.01 |
| | 第1页 共1页 |

为确保校准和检定工作出现不符合要求的情况时得到识别和控制，依据实验室《质量手册》有关要求，制定本程序。

1 任何人在各类质量活动中，一旦发现不符合要求的事项，应立即上报质量负责人。

2 质量负责人根据上报的不符合要求情况，组织人员进行识别、分类。由技术组组织对产生不符合的原因进行分析，对造成的影响进行评价，并提出处理意见或建议，属于质量方面的由质量负责人审批，属于技术方面的由技术负责人审批。

3 不符合要求事项涉及的技术组应根据处理意见或建议，编制不符合要求情况报告，制定纠正措施，并按《纠正措施控制程序》执行。

4 若所采取的纠正措施消除不了产生不符合要求的因素，应取消该项工作。

5 在确认纠正措施已消除不符合要求情况及其产生的原因时，经实验室相关领导批准后，方可恢复该项工作。

6 相关文件

CX1001-20AA《纠正措施控制程序》

7 支持文件

ZY0901-20AA《不符合要求情况报告表》

ZY1001-20AA《纠正措施记录表》

# ××(单位)计量分队 **程序文件**

| | |
|---|---|
| **纠正措施控制程序** | 编号：CX1001-20AA |
| | 修改次数：00 |
| | 实施日期：20BB.01.01 |
| | 第1页　共1页 |

　　为加强对纠正措施的有效控制，消除质量管理体系或技术方面出现的不符合要求情况或偏离，依据实验室《质量手册》有关要求，制定本程序。

　　1　本实验室应加强对纠正措施的有效控制，出现不符合要求情况时，相关部门和人员要结合工作实际，认真查找产生不符合要求或偏离的根源，分析原因，制定纠正措施。

　　2　属于质量方面的不符合要求的事项，由质量负责人组织对制定纠正措施的有效性进行评审，评审意见应及时通知相关人员。

　　3　属于技术方面的不符合要求的事项，由技术负责人组织对制定纠正措施的有效性进行评审，评审意见应及时通知相关人员。

　　4　在内部审核或外部审核时发出的《不符合项报告》，由被审核技术组负责人制定纠正措施并组织实施。

　　5　其他情况下发生不符合要求的事项时，报告质量负责人后，由相关技术组和人员制定纠正措施并组织实施。

　　6　质量负责人要组织对纠正措施的实施结果进行跟踪检查，验证是否取得了预期的效果，确认是否消除了不符合要求的根源，并做好验证记录。

　　7　当发现的不符合和偏离情况问题的严重程度足以对校准、检定工作造成危害时，由质量负责人组织按《内部审核程序》进行附加审核。

　　8　相关文件

　　CX0901-20AA《不符合要求的控制程序》

　　CX1301-20AA《内部审核程序》

　　9　支持文件

　　ZY0901-20AA《不符合要求情况报告表》

　　ZY1001-20AA《纠正措施记录表》

　　ZY1306-20AA《不符合项报告》

# ××(单位)计量分队 程序文件

| | |
|---|---|
| **预防措施控制程序** | 编号：CX1101-20AA |
| | 修改次数：00 |
| | 实施日期：20BB.01.01 |
| | 第1页 共1页 |

为加强对预防措施的控制管理，消除实验室潜在的不符合要求因素，依据实验室《质量手册》有关要求，制定本程序。

1　本实验室各级人员应通过内部审核、管理评审、质量监督和收集委托方意见等途径，及时发现质量管理体系潜在的问题，对相关问题进行评价。

2　潜在不符合信息的来源：

a. 内部审核和外部审核中发现与识别的潜在不符合；

b. 内部和外部及相关方的质量信息反馈；

c. 委托方对校准、检定质量的意见；

d. 通过审查影响校准、检定质量的过程和文件等发现的潜在不符合；

e. 校准、检定过程中发现的潜在不符合等。

3　实验室技术人员应注意分析测量标准(设备)溯源或比对的结果中技术问题可能带来的潜在威胁，并对其进行评价。

4　技术组负责人应及时收集、汇总本专业潜在问题，分析原因，评估是否需要采取预防措施。如需采取预防措施时，负责组织制定预防措施，选择预防措施启动的时机，并对预防措施的实施进行控制。

5　质量负责人或技术负责人负责组织对启动预防措施时机的选择、预防措施的有效性等进行评审。

6　质量负责人要组织对预防措施的实施结果进行跟踪检查，验证是否取得了预期的效果，确认是否消除了潜在不符合要求的根源，并做好验证记录。

7　支持文件

ZY1101-20AA《预防措施记录表》

# ××(单位)计量分队 程序文件

## 记录的控制程序

编号：CX1201-20AA

修改次数：01

实施日期：20BB.01.01

第 1 页 共 4 页

为加强对实验室记录的管理和控制，保证实验室各项质量活动具有可追溯性，依据实验室《质量手册》有关要求，制定本程序。

1 记录的形式

1.1 管理组负责设计和制作本程序中所涉及的记录表格。

1.2 记录可采用纸张或电子媒体(如软盘、硬盘、光盘等形式)保存。

1.3 记录可采用手写和打印两种方式。

2 记录的范围

2.1 本实验室的记录通常包括质量记录和技术记录。

2.2 质量记录：为完成某项质量活动和达到的结果提供客观证据的文件。通常包括内部审核、管理评审、纠正和预防措施、合同评审、文件控制、人员培训、意见处理等。

2.3 技术记录：校准或检定工作所积累的数据和信息。通常包括实验室设备记录、证书、原始记录、实验室环境条件监测记录等。

3 原始记录的填写要求

3.1 原始记录应包含：用户单位名称、被测设备信息、测量标准信息、证书或报告的编号；检定或校准环境条件、数据、结论、测试人员与审核人员签字、测试时间。原始记录的填写要求信息准确、字迹工整。

3.2 原始记录中用户单位名称与被测设备信息，应填写全称，不得随意简写。

3.3 原始记录中测量标准信息应填写具体设备、型号、编号，有效期准确到日期。

3.4 原始记录编号与对应证书编号相同，编号规则参见 CX2301-20AA《证书的编写规定》。

3.5 原始记录中工作地点按实际工作房间填写，并如实记录工作时的环境温湿度。

# ××(单位)计量分队 程序文件

| 记录的控制程序 | 编号：CX1201-20AA |
| --- | --- |
| | 修改次数：00 |
| | 实施日期：20BB.01.01 |
| | 第2页 共4页 |

3.6 原始记录中的测量数据用手写记录时，如因笔误或计算错误需要修改时，用单横杠划去原数据，在其上方写上更改后的数据，并有更改人的签名或盖章。其他信息修改时，用单横杠划去原记录，在其上方写上更改后的信息即可。

3.7 原始记录中其余信息应根据实际情况如实填写，无内容可填写的表格需用"/"划掉，不得留空白。

4 记录的填写、收集、汇总

4.1 记录由实验室从事质量和技术活动的相关人员填写，并在必要时签名。

4.2 不具备年度唯一性的记录应有编号规则。

a. 除有专门设置编号规则的记录外，其余记录编号由七位数字组成，格式为：

$$××-××-×××$$
$$(1)\quad(2)\quad(3)$$

注：

(1)表示记录名称，用两位英文字母表示，如《质量监督记录表》对应的代码为 ZL(记录名称对应代码详见附件一)；

(2)表示年号，如 20AA 年，记为 AA；

(3)表示本年度记录流水号，按 001，002，003，…，依次排序。

b. 编号示例：

ZL-BB-001：表示 20BB 年第一份《质量监督记录表》。

4.3 技术组负责本专业的记录工作，把与质量和技术有关的所有活动填写在记录表格中。记录要使用《作业文件》规定的格式填写，填写应做到真实、可靠和完整。

4.4 实验室每年定期收集、汇总和整理记录。

5 记录的保存和管理

5.1 记录应妥善保管，保存环境要防潮、防火、防蛀。

# ××(单位)计量分队 **程序文件**

| | |
|---|---|
| | 编号：CX1201-20AA |
| **记录的控制程序** | 修改次数：00 |
| | 实施日期：20BB.01.01 |
| | 第3页 共4页 |

　　5.2　记录的保存期限一般为五年。测量设备的档案保存到该设备报废，测量标准的记录保存到该标准报废后两年。

　　5.3　记录的保存期结束后，经实验室领导批准后，统一销毁。

　　5.4　以电子媒体形式贮存的记录授权管理组与技术组组长进行管理，严禁其他人员接触或修改。对不允许更改的记录应进行加密或只读等技术处理。

　　5.5　记录格式需要更改时，按《文件的控制程序》相关规定执行。

6　相关文件

CX0301-20AA《文件的控制程序》

CX0302-20AA《实验室保密管理规定》

CX1301-20AA《内部审核程序》

7　支持文件

ZY0301-20AA《现行受控文件清单》

ZY0302-20AA《文件更改记录单》

ZY0303-20AA《文件发放记录表》

ZY0304-20AA《文件回收记录表》

ZY0305-20AA《文件(资料)借阅登记表》

ZY0307-20AA《文件销毁记录表》

ZY0308-20AA《校准或检定软件评审表》

# ××(单位)计量分队 程序文件

| | |
|---|---|
| 记录的控制程序 | 编号：CX1201-20AA |
| | 修改次数：00 |
| | 实施日期：20BB.01.01 |
| | 第4页 共4页 |

附件一

## 记录名称对应代码表

| | 文件名称 | 文件编号 | 代码 |
|---|---|---|---|
| 1 | 质量监督记录表 | ZY0201-20AA | ZL |
| 2 | 文件更改记录单 | ZY0302-20AA | WJ |
| 3 | 校准或检定软件评审表 | ZY0308-20AA | RJ |
| 4 | 要求、委托书及合同的评审记录表 | ZY0401-20AA | YQ |
| 5 | 偏离情况评审表 | ZY0402-20AA | PL |
| 6 | 分包方评审记录表 | ZY0501-20AA | FB |
| 7 | 外部服务评审记录表 | ZY0601-20AA | WB |
| 8 | 计量保障满意度调查表 | ZY0701-20AA | BZ |
| 9 | 意见处理登记表 | ZY0801-20AA | YJ |
| 10 | 不符合要求情况报告表 | ZY0901-20AA | BQ |
| 11 | 纠正措施记录表 | ZY1001-20AA | JZ |
| 12 | 预防措施记录表 | ZY1101-20AA | YF |
| 13 | 内训实施记录表 | ZY1601-20AA | NX |
| 14 | 外训总结 | ZY1605-20AA | WX |
| 15 | 非标准方法评审记录表 | ZY1801-20AA | FB |
| 16 | 测量标准技术状态确认记录表 | ZY1802-20AA | CL |
| 17 | 设备封存审批单 | ZY1904-20AA | TF |
| 18 | 核查方法评审表 | ZY2201-20AA | HC |

# ××(单位)计量分队 程序文件

| 内部审核程序 | 编号：CX1301-20AA |
| | 修改次数：00 |
| | 实施日期：20BB.01.01 |
| | 第1页 共3页 |

为规范内部审核工作，确保审核工作顺利进行，依据实验室《质量手册》有关要求，制定本程序。

1 质量负责人负责组织安排内部审核工作，负责内审计划的审定和内审报告的审批。

2 内审组成员由质量负责人指定，内审组长负责策划审核计划、审核方案，编制审核现场检查表，报质量负责人批准。必要时可外请具有资质的专家进行内审。

3 内审组实施现场审核，做好审查记录，编写审核报告。

4 各受审部门应自觉接受审核，负责制定纠正措施和预防措施，并组织实施整改。

5 本实验室采用年度集中全面审核的方式进行内部审核工作，覆盖实验室全部门和质量管理体系的所有要求。根据拟审核的活动区域的状况和重要程度及以往审核的结果，对状况差、问题多、重要程度高的过程和区域应进行重点审核。另外出现以下情况时，实验室应适时组织进行内部质量审核：

a. 组织机构、管理体系、环境条件等发生重大变化时；

b. 出现重大质量事故或委托方对某一质量问题反映较多时；

c. 法律、法规及其他外部要求变更之后；

d. 在接受第二、第三方审核之前；

e. 在实验室认可证书到期换证前。

5.1 为确保审核过程的客观性和公正性，内审员不审核本人负责的工作。

5.2 内部审核计划和方案的编制要具有严肃性和灵活性，其内容主要包括：

a. 目的、范围、依据(指标准、质量手册、程序文件、质量计划、法律法规等)；

b. 内部审核的工作安排；

c. 内审组成员；

d. 审核时间、部门；

e. 受审部门及审核要点；

f. 首末次会议时间。

# ××（单位）计量分队 程序文件

| | |
|---|---|
| | 编号：CX1301-20AA |
| | 修改次数：00 |
| **内部审核程序** | 实施日期：20BB.01.01 |
| | 第2页 共3页 |

5.3 内审组应于内部审核前一周将审核内容和注意事项通知受审部门，受审部门对审核内容和注意事项如有异议，应在审核前三天反馈至内审组。

5.4 内审员应是经过培训，考核合格并获得资格的人员。

6 由内审组长主持召开首次会议，明确审核时间、审核部门、审核目的、审核准则和方法。通常应参加人员：实验室最高领导、质量负责人、技术负责人、内审组成员、受审部门负责人和相关人员，参加人员应签到，内审组应做好相关记录。

7 内审员采用抽样方法进行现场检查，查阅文件和记录，观察现场执行情况以及采用面谈等方式，对体系运行情况进行分析，并做好现场审核记录。

7.1 现场检查中发现不符合项时，应得到受审部门的确认。

7.2 每日现场审核结束后，由内审组长组织召开内审组工作会议，交流审核工作情况，内审员根据现场审核事实，确认不符合项，完成当日的不符合项报告。

7.3 现场审核结束后，由内审组长组织召开内审组复审会议。全体内审组成员参加，总结审核工作，确定不符合项及其分布，拟制内审报告。

8 由内审组长主持召开末次会议，参加人员与首次会议相同。会议内容主要是介绍审核总体情况，宣布审核结论，提出相关要求和建议。内审组长应说明不符合项报告的数量和分类，并宣读这些不符合项报告。内审组长应就受审核部门在确保整个组织的质量体系的有效运行、实现总的质量目标的有效性方面提出内审组的结论，结论应全面总结质量工作优缺点。管理组负责做好会议记录，包括参加人员的签到。

9 内审组长负责组织编制内部审核报告。

9.1 内部评审报告编号由年号、内审代码、内审序号、文件序号组成，格式为：

×××× NS ×× -××××
(1) (2) (3) (4)

注：

(1)为年号；(2)为内审代码；(3)为年度内审序号；(4)为内审文件序号。

## ××(单位)计量分队 程序文件

| | |
|---|---|
| **内部审核程序** | 编号：CX1301-20AA |
| | 修改次数：00 |
| | 实施日期：20BB.01.01 |
| | 第3页 共3页 |

9.2 内部审核报告经质量负责人审批后，发送至技术组。

9.3 技术组依据不符合项报告，按照《纠正措施控制程序》和《预防措施控制程序》的要求，分析原因，制定并实施纠正措施和预防措施，按期完成整改。

9.4 质量负责人组织跟踪纠正措施的实施情况，验证其有效性，并做好记录。

9.5 内部审核材料包括：内部审核计划表、内部审核实施方案、首次会议纪要及签到表、各部门内部审核检查表、不符合项报告、预防项报告、内部审核报告、末次会议纪要及签到表等内容。

10 管理组负责保管内审资料，内部审核报告作为管理评审输入之一。

11 相关文件

CX0901-20AA《不符合要求的控制程序》

CX1001-20AA《纠正措施控制程序》

CX1101-20AA《预防措施控制程序》

CX1201-20AA《记录的控制程序》

12 支持文件

ZY1301-20AA《内部审核计划表》

ZY1302-20AA《内部审核实施方案》

ZY1303-20AA《内部审核现场检查表》

ZY1304-20AA《内部审核报告》

ZY1305-20AA《内部审核____次会议人员签到表》

ZY1306-20AA《不符合项报告》

# ＸＸ（单位）计量分队 程序文件

| | |
|---|---|
| **管理评审程序** | 编号：CX1401-20AA |
| | 修改次数：00 |
| | 实施日期：20BB.01.01 |
| | 第 1 页　共 3 页 |

为规范管理评审活动，保证管理评审的有效性，依据实验室《质量手册》有关要求，制定本程序。

1　本实验室最高领导根据年度管理评审计划或实际工作需要，安排管理评审工作。

2　质量负责人负责组织拟制评审实施计划，报实验室最高领导批准。

2.1　管理组负责收集并整理管理评审所需的资料，技术组负责准备、提供与本部门工作有关的评审所需资料。

2.2　管理评审计划的主要内容包括：

a. 评审目的；

b. 评审依据；

c. 评审时间；

d. 评审内容；

e. 评审范围及评审重点；

f. 参加评审人员等。

2.3　管理评审的输入主要包括：

a. 质量管理体系文件的适宜性情况；

b. 本年度内部、外部质量管理体系审核情况以及质量监督情况；

c. 纠正措施和预防措施的实施情况；

d. 上次管理评审决策的跟踪结果；

e. 参加实验室间比对的结果；

f. 可能影响质量管理体系的变化；

g. 委托方的反馈意见；

h. 其他相关因素；

i. 改进建议。

# ╳╳(单位)计量分队 程序文件

| 管理评审程序 | 编号：CX1401-20AA |
| --- | --- |
| | 修改次数：00 |
| | 实施日期：20BB.01.01 |
| | 第2页　共3页 |

3　当出现下列情况之一时，可增加管理评审频次：

a. 实验室组织机构、资源配置、体制或环境条件发生重大变化时；

b. 发生重大质量事故或委托方有严重投诉或连续发生投诉情况时；

c. 当所遵循的法律、法规、标准及其他要求有变化时；

d. 委托方的需求发生重大变化时；

e. 内部审核中发现严重不符合时；

f. 发生其他必须进行管理评审的情况或实验室最高领导认为有必要时。

4　评审实施

4.1　管理评审会议由实验室最高领导主持召开，参加人员通常为：质量负责人、技术负责人、技术组负责人和相关人员等。

4.2　专项工作分管负责人根据评审计划作相关报告。

4.3　与会人员根据管理评审输入各方面信息，对评审的议题和拟采取的措施展开讨论、分析和评价。

4.4　实验室最高领导作出管理评审决策，包括：

a. 质量管理体系的改进；

b. 校准或检定工作的改进；

c. 资源需求的调整。

4.5　管理组负责评审过程的记录，包括参加人员签到。

5　质量负责人根据管理评审情况进行总结，组织编写《管理评审报告》，并经实验室最高领导批准。本次管理评审的输出可以作为实验室持续改进信息和下次评审的输入。

6　管理评审报告编号由年号、管审代码、管审序号、文件序号组成，格式为：

╳╳╳╳　GS　╳╳ -╳╳╳╳

　(1)　　(2)　(3)　　　(4)

注：

(1)为年号；(2)为管审代码；(3)为年度管审序号；(4)为管审文件序号。

# ××（单位）计量分队 **程序文件**

| | |
|---|---|
| **管理评审程序** | 编号：CX1401-20AA |
| | 修改次数：00 |
| | 实施日期：20BB.01.01 |
| | 第3页 共3页 |

7 管理评审输出涉及的部门和相关人员，应按管理评审报告中改进措施的要求抓好落实。

8 质量负责人组织对改进措施的实施情况进行跟踪检查和有效性验证。

9 如果评审决策引起相关文件的更改，应执行《文件控制程序》。

10 管理评审产生的相关材料由管理组负责保管并存档。

11 相关文件

CX0301-20AA《文件的控制程序》

CX1301-20AA《内部审核程序》

12 支持文件

ZY1401-20AA《管理评审计划表》

ZY1402-20AA《管理评审记录》

ZY1403-20AA《管理评审报告》

# ××（单位）计量分队 程序文件

| | |
|---|---|
| **人员管理程序** | 编号：CX1601-20AA |
| | 修改次数：00 |
| | 实施日期：20BB.01.01 |
| | 第 1 页　共 2 页 |

　　为持续提升本实验室人员技术能力，提高人员培训质量，确保检定、校准工作质量，依据《质量手册》有关要求，制定本程序。

　　1　本实验室根据校准、检定工作的需要配备相应的计量管理人员和计量技术人员，并明确规定各岗位的职责。

　　2　人员资质管理

　　本实验室人员要求各类人员持证上岗。

　　从事校准、检定审核工作的人员，需持有本实验室认可的校准、检定工作资质证明。审核人员应熟悉审核范围有关工作的方法、程序，掌握相关工作结果评价标准和判断方法。每个校准、检定项目保证至少有两人持证。本实验室认可的校准、检定工作资质证明包括：计量检定员证、计量系统一级计量站培训结业证、中心级计量技术机构参数培训结业证。计量检定员证有效期 10 年，过期后须重新参加计量基础知识培训，考核合格人员，经上级计量管理部门批准，原证件参数有效，有效期 5 年。

　　从事质量管理体系内部审核的人员，需持有内审员资格证书。

　　3　人员培训管理

　　培训内容主要包括：体系文件、计量法律法规、计量参数理论、计量操作和知识更新等，分为内训和外训两种形式。管理组根据工作任务、技术能力、工作需求和人员发展诉求，拟制年度《培训计划表》，由实验室领导批准。

　　内训由管理室负责组织，按计划落实年度训练要求；外训由各组申报外训需求，经管理组汇总后，上报上级机关，依据上级批复派员参加培训。

　　除培训计划规定的训练内容外，在下列时机需开展专项训练：质量管理体系运行需要时、岗位业务技能变化时、新人员上岗前、人员岗位变化时、技术规范变化时、其他情况。

　　技术负责人和质量负责人负责对人员培训情况进行监督检查和效果验证，使其具备的能力与所从事的工作相适应。

# ××(单位)计量分队 程序文件

| 人员管理程序 | 编号：CX1601-20AA |
| --- | --- |
| | 修改次数：00 |
| | 实施日期：20BB.01.01 |
| | 第2页 共2页 |

4 人员档案管理

管理组为实验室人员建立《人员技术档案》，制作《实验室人员一览表》。

实验室人员完成外训归队后，填写《外训总结》，汇报外训学习情况、学习效果、考核情况、取得证书情况等内容，并上报管理室归档。

管理组负责年度培训计划实施情况的统计、汇总和分析工作，及时更新《人员技术档案》《实验室人员一览表》。

《人员技术档案》保存期限至相关人员离岗2年。

5 支持文件

ZY1601-20AA《内训实施记录表》

ZY1602-20AA《培训计划表》

ZY1603-20AA《外训记录表》

ZY1604-20AA《考核记录表》

ZY1605-20AA《外训总结》

ZY1606-20AA《人员技术档案》

ZY1607-20AA《实验室人员一览表》

# ××（单位）计量分队 *程序文件*

| | |
|---|---|
| **实验室设施和环境条件的控制程序** | 编号：CX1701-20AA |
| | 修改次数：01 |
| | 实施日期：20BB.01.01 |
| | 第 1 页 共 1 页 |

为确保实验室设施和环境条件满足校准和检定工作需要，依据实验室《质量手册》有关要求，制定本程序。

1 实验室配备满足校准、检定工作要求的设施和环境条件，并进行有效管理，确保设施和环境条件能够满足校准和检定项目及相关的技术标准、规程和规范要求。设施包括温湿度控制、供电、照明、采光、避光、取暖、防尘、接地、消防、屏蔽、通风等确保环境条件的设施和设备。

2 实验室隔离办公区与工作区，工作区根据计量专业划分工作间，根据各专业不同的校准、检定工作要求，分别对设施和环境条件加以控制，保证辐射、静电、噪声、振动和电磁干扰等因素对校准、检定结果不产生影响。

3 实验室工作间内合理布局不同参数的工作区域，采取场地隔离或时间调整的措施，防止相互影响或交叉污染。对危及安全的参数应限定工作区域，采取有效隔离和明显警示标志。

4 技术组负责设施的日常维护和环境保持。开展校准、检定工作时实时填写温湿度记录，并利用质量监督与换季保养等时机，对实验室设施与环境条件的保持情况进行确认。管理组负责统计实验室设施与环境条件的监测数据。

5 当设施和环境条件影响到校准或检定结果时，工作人员应立即停止校准或检定工作，分析查找原因，采取相应措施，直到满足要求后方可重新开展工作。

6 相关文件

CX1702-20AA《实验室内务管理制度》

CX1802-20AA《校准或检定程序》

7 支持文件

ZY1701-20AA《实验室温湿度记录表》

---

# ××(单位)计量分队 程序文件

| 实验室内务管理制度 | 编号：CX1702-20AA |
| --- | --- |
| | 修改次数：01 |
| | 实施日期：20BB.01.01 |
| | 第1页 共1页 |

为确保实验室工作正常有序，依据实验室《质量手册》有关要求，制定本规定。

1  实验室隔离办公区与工作区，工作区的设施与环境条件满足所开展校准、检定项目规定的条件。工作区内禁止进行一切与校准或检定无关的活动。

2  实验室工作区内标准装置与配套仪器设备应摆放整齐、准确定位、定期维护。工作区设置待检件区、已检件区，被校件或被检件的存放要符合要求。

3  实验室定期进行标准设备维护、设施与环境条件监测，经常性清洁并保持实验室卫生。

4  实验室使用的油料、酒精等特殊化学用品应严格管理，有专人负责，专柜放置。

5  工作人员进入实验室工作区一律着工作服，穿工作鞋。外来人员进入实验室，需经实验室领导批准；未经允许不得在实验室内拍照、录像；进入工作区需衣着整洁，并穿戴鞋套。

6  实验室消防、卫生设施配套齐全。灭火器定时检查、定位摆放，不得随意移动。

7  开展校准、检定工作时，实时记录环境温湿度数据，并在原始记录、证书上加以体现。当设施与环境条件对校准、检定结果产生影响时，应立即停止校准、检定工作，直到满足要求。

8  校准、检定相关记录要妥善保管，不得提供给无关人员查阅。

9  工作结束后，标准装置应断电(特殊情况除外)，工作人员离开实验室应断开水源、电源、气源，关闭门窗。

10  相关文件

《××(单位)计量分队计量间定位规则》

# ××(单位)计量分队 程序文件

| |
|---|
| 编号：CX1801-20AA |
| 修改次数：00 |
| 实施日期：20BB.01.01 |
| 第 1 页　共 1 页 |

## 测量不确定度评定程序

为规范测量不确定度的分析和评定工作，确保校准或检定方法满足委托方的要求，依据实验室《质量手册》有关要求，制定本工作程序。

1　校准或检定人员应充分考虑测量标准、方法、环境条件、人员等可能产生的测量不确定度来源，分析对测量结果的影响程度，并根据其产生的机理、表现形式，分别采用 A 类或 B 类评定方法对测量不确定度进行评定，并进行合成。

2　校准或检定人员应采用公认的测量不确定度表达方式，当给出校准或检定结果的扩展不确定度时，应给出置信因子。

3　测量不确定度的严格程度取决于校准或检定方法的要求和委托方的要求。

4　校准证书中应对测量不确定度结果进行说明。

5　当委托方未作要求时，且测量标准的测量不确定度与被测量设备的测量不确定度比小于四分之一时，可不报告测量不确定度。

6　支持文件

ZY2302-20AA《校准证书》

ZY2304-20AA《检定结果通知书》

# ╳╳(单位)计量分队 程序文件

| | |
|---|---|
| **校准或检定程序** | 编号：CX1802-20AA |
| | 修改次数：00 |
| | 实施日期：20BB.01.01 |
| | 第 1 页 共 2 页 |

为规范校准或检定工作，确保校准或检定结果的准确、可靠，依据实验室《质量手册》有关要求，制定本程序。

1 实验室所有的校准或检定活动均要实行双人双岗制。

2 校准或检定前，计量检定人员要检查环境条件(温度、湿度、供电等)是否满足校准或检定的要求，认真阅读委托方送检设备的使用说明书、使用手册等技术资料，熟悉被校件或被检件的工作原理和使用方法，充分了解委托方的要求，核对所用测量标准与被校件或被检件之间是否满足量传要求等，并按照有关规定对被校件或被检件进行等温处理。

3 计量检定人员应严格按照校准或检定项目及相关技术标准、规程和规范的要求进行校准或检定工作，防止因误操作出现数据不准或损坏设备的事故。

4 计量检定人员在校准和检定工作前，应检查环境条件是否满足技术要求，并填写《温湿度记录》。

5 计量检定人员在校准和检定工作中，如发现数据偏离，应及时查明原因，采取相应对策进行核查。如发现被校件或被检件性能不符合要求或有故障时，应及时与委托方联系，并提出处理建议。

6 计量检定人员在校准和检定工作中，应准确填写原始记录，主要包括被检/校件信息、测量环境条件、依据的方法、测试的数据等。

7 核验人员应检查检定人员填写的原始记录信息是否正确、使用的方法是否为最新、使用的方法是否覆盖被检/校件技术要求、检定/校准操作是否符合技术要求。

8 计量检定人员在处理校准或检定数据时应遵守数据修约规则。

9 利用校准或检定软件进行数据处理时，按《实验室保密管理规定》相关要求执行。

10 校准或检定工作结束后，计量检定人员应按《证书的编写规定》出具证书，并对被校件或被检件状态进行标识。

# ××（单位）计量分队 程序文件

| 校准或检定程序 | 编号：CX1802-20AA |
| --- | --- |
| | 修改次数：00 |
| | 实施日期：20BB.01.01 |
| | 第2页 共2页 |

11 在外场进行校准或检定工作时，执行《外场计量保障管理规定》。

12 相关文件

CX0302-20AA《实验室保密管理规定》

CX1201-20AA《记录的控制程序》

CX1803-20AA《校准、检定方法控制程序》

CX1805-20AA《外场计量保障管理规定》

CX1902-20AA《设备标识规定》

CX2201-20AA《校准或检定结果质量控制程序》

CX2301-20AA《证书的编写规定》

CX2302-20AA《证书的管理规定》

13 支持文件

ZY0701-20AA《计量保障满意度调查表》

ZY2301-20AA《原始记录》

ZY2302-20AA《校准证书》

ZY2303-20AA《检定证书》

ZY2304-20AA《检定结果通知书》

# ××(单位)计量分队 程序文件

| | |
|---|---|
| 校准、检定方法控制程序 | 编号：CX1803-20AA |
| | 修改次数：01 |
| | 实施日期：20BB.01.01 |
| | 第1页 共1页 |

　　为确保实验室采用的校准或检定方法满足委托方的要求和工作需要，确保校准或检定结果的准确、可靠，依据实验室《质量手册》有关要求，制定本程序。

　　1　实验室应依据委托方的要求和工作需要，重视校准或检定方法的收集和编写工作。

　　2　校准或检定方法依据如下优先级进行选择：国家计量检定规程、部门(行业)计量检定规程、地方计量检定规程、非标方法。

　　3　管理组协助技术组收集、检索最新标准、规程及其他技术规范，并进行受控登记和发放，确保在用方法是最新版本。

　　4　技术组组长负责本专业校准或检定方法的选择，需要使用非标准方法时，按《非标准方法的选用、编制和评审程序》执行。

　　5　技术负责人负责组织对实验室所选用的非标准方法进行评审。

　　6　相关文件

CX1802-20AA《校准或检定程序》

CX1804-20AA《非标准方法的选用、编制和评审程序》

　　7　支持文件

ZY0301-20AA《现行受控文件清单》

ZY1801-20AA《非标准方法评审记录表》

# ××(单位)计量分队 程序文件

|  |
|---|
| 编号：CX1804-20AA |
| 修改次数：01 |
| 实施日期：20BB.01.01 |
| 第1页 共1页 |

**非标准方法的选用、编制和评审程序**

为规范非标准方法的选用、编制和评审工作，满足委托方的要求和工作需要，依据实验室《质量手册》有关要求，制定本程序。

1 实验室根据委托方要求和工作需要，重视非标准方法的收集和编写工作。

2 技术负责人负责组织非标准方法选择、编写的评审工作，主要包括以下内容：非标方法的使用范围、被校对象校准参数及技术指标、使用的测量标准设备及技术指标、环境条件、校准项目与校准方法、校准结果信息、校准周期等。

3 技术组组长根据委托方要求和工作需要，进行非标方法的选择和编写工作，应指派实践经验丰富、能熟练操作相关仪器设备的专业人员负责非标方法编写工作。

4 技术组负责对非标方法进行技术分析、试验和验证，并对试验、验证的过程和结果进行记录，作为选用、编制非标方法的评审依据。

5 非标方法通过评审后，由编写人、审核人签署，实验室负责人批准后，发布使用。

6 通过评审的非标准方法，由管理组进行受控、编号、归档，按《文件的控制程序》进行管理控制。

7 相关文件

CX0301-20AA《文件的控制程序》

CX1803-20AA《校准、检定方法控制程序》

8 支持文件

ZY0301-20AA《现行受控文件清单》

ZY1801-20AA《非标准方法评审记录表》

# ××(单位)计量分队 程序文件

| 外场计量保障管理规定 | 编号：CX1805-20AA |
| --- | --- |
| | 修改次数：01 |
| | 实施日期：20BB.01.01 |
| | 第1页 共2页 |

　　为加强对实验室以外的临时性场所(以下简称外场)计量保障工作的管理，保证外场校准或检定工作的质量，依据实验室《质量手册》制定本规定。

　　1　接受外场计量保障任务时，实验室应成立外场保障组，根据任务的具体要求，制定保障方案，明确人员、设备以及时间和路线等事项。

　　2　外场保障所携带的测量设备应在有效期内，返回实验室后，必须进行技术状态检查，填写《测量标准技术状态确认记录表》。

　　3　外场计量保障设施和环境条件的控制

　　3.1　外场保障组根据校准或检定项目，以及相关的技术标准、规程和规范的要求，提出满足需要的外场保障设施和环境条件，相关条件由委托方负责提供，确保温度、湿度、电源等满足技术工作要求并记录。

　　3.2　当设施和环境条件影响到校准或检定结果时，外场保障人员应立即停止校准或检定工作，并向外场保障组负责人报告，分析查找原因，采取有效改进措施，直到满足工作要求。

　　3.3　外场保障组应对开展校准和检定有特殊要求的测量标准采取隔离保护措施，并对其有效性进行监控。

　　3.4　在计量保障方舱上开展外场保障工作时，其环境条件由外场保障组负责维护，应满足校准或检定项目及相关的技术标准、规程和规范的要求。

　　4　外场计量保障标准设备的控制

　　4.1　外场计量保障期间，标准设备管理要求与在实验室要求一致，由保障组组长负责。

　　4.2　标准设备包装要求：标准之间无直接接触，标准用海绵塞实，上下左右均不会产生位移。

　　4.3　标准设备托运要求：制作装箱清单；包装箱经托运单位检查后，现场铅封。

　　4.4　标准设备转场后维护要求：检查铅封是否脱落，核对标准数量；清理标准设备表面泡沫颗粒；紧固标准设备上的螺钉。

# ××(单位)计量分队 程序文件

## 外场计量保障管理规定

编号：CX1805-20AA

修改次数：01

实施日期：20BB.01.01

第 2 页　共 2 页

5　在实施外场计量保障任务前，外场保障组应以协调会或者其他形式，向委托方明确本次保障任务的目的、时间、工作地点以及工作程序等相关内容。保障组长应组织对委托方合同的评审，并将评审结果上报技术负责人，返回实验室后，将评审记录交管理组归档。

6　外场计量保障完成后，出具检定或校准证书、粘贴计量标识、保障过程中形成的各类记录应及时归档保存。

7　相关文件

CX0402-20AA《偏离的控制程序》

CX1702-20AA《实验室内务管理制度》

CX1802-20AA《校准或检定程序》

8　支持文件

ZY0701-20AA《计量保障满意度调查表》

ZY1701-20AA《实验室温湿度记录表》

ZY1802-20AA《测量标准技术状态确认记录表》

# ╳╳(单位)计量分队 程序文件

| 测量标准控制管理规定 | 编号：CX1901-20AA |
| --- | --- |
| | 修改次数：01 |
| | 实施日期：20BB.01.01 |
| | 第1页　共2页 |

为加强测量标准的管理工作，满足校准或检定工作的需要，依据实验室《质量手册》有关要求，制定本规定。其他测试设备参照本规定执行。

1　管理组负责所有测量标准的信息统计，技术组具体负责测量标准的日常管理工作。

2　测量标准实行专人负责制，定期对所使用的设备进行维护保养和性能检查，并做好记录。

3　技术组应保存测量标准相关记录，内容包括：

a. 设备及软件的名称；

b. 制造厂名称、设备型号、序号及其他唯一标识；

c. 制造厂的使用说明书；

d. 校准(检定)的日期和结果以及下次校准(检定)的日期；

e. 核查记录；

f. 维护的记录；

g. 损坏、故障、调整或修理的履历。

4　技术组负责其所管理测量标准的标识和周期内的核查。

5　校准、检定人员必须熟悉测量标准的构造、性能、使用和维护保养常识以及安全等方面的业务知识，掌握测量标准实际操作技能，经培训考核合格取得相应资格证书后，方可独立操作使用测量标准。

6　实验室测量标准一律不得外借。其他设备因特殊情况需外借的，须经实验室领导批准，报管理组填写《设备借用登记表》，方可外借。

7　测量标准搬运时要采取防振、防潮措施，以确保设备安全。携带测量标准到外场开展校准或检定工作时，必须确保测量标准的运输、包装、处置等符合技术和安全要求。

# ××（单位）计量分队 程序文件

| | |
|---|---|
| 测量标准控制管理规定 | 编号：CX1901-20AA |
| | 修改次数：01 |
| | 实施日期：20BB.01.01 |
| | 第 2 页 共 2 页 |

8 技术组负责测量标准日常维护、保养及技术状态监控。如发现测量标准设备出现故障，技术组负责人需向实验室报告，对故障标准设备采取隔离措施。测量标准离开实验室，返回后，应对其性能进行检查，并填写《测量标准技术状态确认记录表》。

9 技术组负责其他测试设备的日常管理与维护。对长期不使用的设备、故障设备，技术组负责人可向实验室提出封存申请，由技术负责人确认，并上报上级审批，经审批的封存设备由管理组统一集中保管。设备封存后不再溯源，启封时，需经检定合格方可使用。

10 测量标准出现故障，技术组长上报实验室主任申请送修，经上级批准后，在《合格供方名录》中选择合适的单位送修。修复后，应进行修复后计量，经计量确认合格后，方可继续使用。

11 相关文件

CX1902-20AA《设备标识规定》

CX2201-20AA《校准或检定结果质量控制程序》

12 支持文件

ZY1901-20AA《测量标准装置及其配套设备一览表》

ZY1902-20AA《设备状态标识样品》

ZY1903-20AA《设备借用登记表》

ZY1904-20AA《设备封存审批单》

ZY1802-20AA《测量标准技术状态确认记录表》

ZY2203-20AA《核查报告》

# ××(单位)计量分队 **程序文件**

| | |
|---|---|
| **设备标识规定** | 编号：CX1902-20AA |
| | 修改次数：00 |
| | 实施日期：20BB.01.01 |
| | 第1页　共1页 |

为加强设备标识管理，依据实验室《质量手册》有关要求，制定本规定。

1　本实验室所有设备的校准或检定状态必须标识明显。

2　设备标识分为合格、限用、停用和设备能力确认标识四种，这些状态标识的颜色一般规定是：

绿色——合格；

蓝色——限用；

红色——停用。

3　设备标识的使用

3.1　绿色标识(合格)用于经校准或检定所有技术指标均满足技术条件要求的测量设备。

3.2　蓝色标识(限用)用于限制使用范围的测量设备：

a.多功能测量设备的某些功能丧失，但所用功能正常且经校准或检定合格；

b.多量程的某些量程不合格，但所用量程合格；

c.降级使用。

3.3　红色标识(停用)用于出现故障，未经校准或检定，经校准或检定不合格，超过校准或检定状态有效期的测量设备。

4　标识位置在设备的明显处，标识信息要完整，技术组负责人负责粘贴。

5　支持文件

ZY1902-20AA《设备状态标识样品》

# ××(单位)计量分队 **程序文件**

| | |
|---|---|
| **测量标准溯源程序** | 编号：CX2001-20AA |
| | 修改次数：01 |
| | 实施日期：20BB.01.01 |
| | 第 1 页　共 1 页 |

为加强测量标准溯源性管理，保证其量值通过不间断的溯源链溯源到国家基准，依据实验室《质量手册》有关要求，制定本程序。其他测试设备溯源，依据本程序执行。

1　实验室测量标准与在用测试设备应按照技术文件规定的计量有效期进行溯源，量值溯源应符合国家检定系统或测量器具等级溯源图的要求。

2　实验室用于校准或检定的设备及辅助测量设备应按周期溯源，编制年度溯源计划，每年12月上旬技术组向管理组上报下一年度溯源计划，管理组汇总后上报实验室领导，经批准后统一组织实施。

3　溯源计划应包含下列信息：所属专业、设备名称、规格型号、编号、有效期至、计划溯源时间、溯源单位等。

4　测量标准溯源时，须从《合格供方名录》中选择满足测量标准溯源要求、技术能力合格的外部服务方。

5　测量标准溯源时，设备应可靠包装，并确保运输途中安全。

6　测量标准完成溯源返回实验室后，技术负责人应及时组织对测量标准溯源结果进行确认。

7　管理组负责保管测量标准的校准和检定证书原件，技术组如有需要，保存复印件。

8　相关文件

CX1803-20AA《校准、检定方法控制程序》

CX1901-20AA《测量标准控制管理规定》

CX2002-20AA《计量确认程序》

9　支持文件

ZY0602-20AA《合格供方名录》

ZY2001-20AA《溯源计划表》

ZY2002-20AA《溯源结果确认表》

ZY2003-20AA《计量确认记录表》

# ××(单位)计量分队 程序文件

## 计量确认程序

编号：CX2002-20AA

修改次数：00

实施日期：20BB.01.01

第 1 页 共 2 页

为加强测量标准管理，确保测量标准符合预期使用要求，依据实验室《质量手册》有关要求，制定本程序。

1 实验室测量标准溯源完成，返回实验室后，应及时进行计量确认。

2 测量标准可逐台(件)进行计量确认，也可依据其确定的使用范围，配套进行计量确认。

3 计量确认的内容

3.1 选择的方法：确认上级计量技术机构是否使用公开发布的检定规程或校准方法，若使用非标方法，应确认该方法是否符合测量标准预定的使用范围。

3.2 选择的设备：确认上级计量技术机构所使用的标准设备是否通过考核，量程是否覆盖本级测量标准，技术指标是否满足量值传递要求。

3.3 溯源场所及环境条件：确认上级计量技术机构开展检定/校准工作时的地点是否与实际相符(主要针对现场计量)，工作时的环境条件是否符合所选择方法的要求。

3.4 溯源结果的确认：确认上级计量技术机构所出具的测量数据测量项目与量程是否覆盖本机测量标准规定的使用范围；确认结果的测量不确定度是否满足预期使用的要求；确认测量结果是否存在超差，是否影响预期使用要求。

3.5 计量标识的确认：确认上级计量技术机构粘贴的标识是否与证书信息一致。

3.6 证书内容的确认：确认证书是否存在录入错误、修约错误、结果误判等情况。

4 计量确认流程

4.1 测量标准完成溯源，设备与证书均返回实验室后，技术组长及时填写《溯源结果确认表》证书编号信息，并安排标准负责人开展计量确认。

4.2 标准负责人应及时开展计量确认，确认完成后填写《计量确认记录表》，并将确认结果交给技术组长。

4.3 技术组长对《计量确认记录表》的内容进行审核后，将结果填入《溯源结果确认表》。

×× (单位) 计量分队 **程序文件**

| 编号：CX2002-20AA |
|---|

**计量确认程序**

修改次数：00

实施日期：20BB.01.01

第 2 页 共 2 页

5 计量确认的结果

5.1 通过确认：经计量确认，本级测量标准符合预定的使用要求。

5.2 因本级标准原因未通过确认：经计量确认，本级标准在预期的使用范围内出现超差，应执行《偏离的控制程序》与《测量标准控制管理规定》。

5.3 因上级原因未通过确认：经计量确认，存在上级计量技术机构使用的方法不合理、测量标准不满足量传要求、测量范围未覆盖本级标准要求等情况时，应联系上级计量技术机构重新进行溯源、重新出具证书。

6 粘贴标识：经确认合格的测量标准须粘贴本机构合格证，有效期与溯源证书一致。

7 技术负责人应加强对计量确认工作的质量监督，督促该项工作及时开展、监督该项工作执行的正确性。

8 技术组所有测量标准计量确认工作完成后，技术组长将《溯源结果确认表》与《计量确认记录表》交管理组归档。

9 相关文件

CX1803-20AA《校准、检定方法的控制程序》

CX0402-20AA《偏离的控制程序》

CX1901-20AA《测量标准控制管理规定》

10 支持文件

ZY2001-20AA《溯源计划表》

ZY2002-20AA《溯源结果确认表》

ZY2003-20AA《计量确认记录表》

# ××(单位)计量分队 **程序文件**

| | |
|---|---|
| **被校件或被检件的处置程序** | 编号：CX2101-20AA |
| | 修改次数：00 |
| | 实施日期：20BB.01.01 |
| | 第 1 页 共 3 页 |

为确保被校件或被检件的运输、接收、包装、处置等各环节的有效性和完整性，依据实验室《质量手册》有关要求，制定本程序。

1 管理组和技术组共同负责被校件或被检件在送达期间各个环节的控制。详见附件一《设备收发交接管理规定》。

2 计量分队接上级下达任务后，可接收本单位及其他单位的被校件或被检件。

3 收发员负责被校件或被检件的交接工作。交接时，由送检方填写《计量业务委托单》，收发员逐项核对被校件或被检件及其附(配)件情况。如送检方有特殊要求，须在备注中说明，并由双方签字确认，需要时应执行《要求、委托书及合同的评审程序》。委托单一式两份，计量分队保留《计量业务委托单》第一联，送检方保留《计量业务委托单》第二联，所有被校件或被检件的交接手续需凭《计量业务委托单》办理。

4 收发员在接收被校件或被检件后，应放置在"待检区"内，校准或检定合格后应放置在"已检区"内。

5 技术组接收收发员通知后，应及时领取设备，在计量分队内分区、有序摆放。

6 被校件或被检件在实验室期间的存放环境要符合有关技术要求。

7 技术组在被校件或被检件出现异常现象时，要及时和委托方联系。

8 被校件或被检件在完成校准或检定工作后，计量检定人员依据《证书的编写规定》和《设备标识规定》出具证书，粘贴相应的标识。设备和证书及时送至收发室。

9 委托方凭委托单领取被校件或被检件。

10 实验室要做好收集、了解委托方反馈意见的工作，并记录存档。

11 相关文件

CX0401-20AA《要求、委托书及合同的评审程序》

CX0801-20AA《意见的处理程序》

# ╳╳(单位)计量分队 程序文件

| 被校件或被检件的处置程序 | 编号：CX2101-20AA |
| --- | --- |
| | 修改次数：00 |
| | 实施日期：20BB.01.01 |
| | 第 2 页　共 3 页 |

CX1902-20AA《设备标识规定》

CX2301-20AA《证书的编写规定》

12　支持文件

ZY0801-20AA《意见处理登记表》

ZY2101-20AA《计量业务委托单》

| ＸＸ（单位）计量分队 程序文件 | |
|---|---|
| **被校件或被检件的处置程序** | 编号：CX2101-20AA |
| | 修改次数：00 |
| | 实施日期：20BB.01.01 |
| | 第3页　共3页 |

附件一

## 设备收发交接管理规定

1　所有送检设备(含工量具、通用设备、专用设备)须由管理组办理交接手续。管理组接到送检设备后，逐件核对送检设备信息，填写《计量业务委托单》，并与送检方签字确认。

2　管理组应做好送检设备的登记、分类等工作，及时通知技术组领取开展检定、校准工作。技术组或个人不得擅自接收外来件。

3　技术组接到收发室通知后，及时安排人员领取，一般在2个工作日内接收完毕。

4　检定、校准工作一般在一周内完成，根据任务的急缓程度与任务量大小，可适当延长校准或检定工作的时间，最长不得超过一个月。特殊情况需经实验室领导批准。

5　检定或校准工作完成后，技术组负责将被校件或被检件和为其出具的检定、校准证书一同送往管理组，并做好具体说明。收发员做好相关被校件或被检件的登记、发送工作。

6　完成检定、校准的被校件或被检件，由管理室通知送检方取件。取件时送检方需在《计量业务委托单》上签字确认，收发员办理好交接手续。

7　技术组应严格遵守实验室规定的相关要求，积极配合各项工作流程的安排。严禁不经收发室登记，直接让委托方领走在被校件或被检件。

# ××(单位)计量分队 程序文件

| | |
|---|---|
| **校准或检定结果质量控制程序** | 编号：CX2201-20AA |
| | 修改次数：00 |
| | 实施日期：20BB.01.01 |
| | 第1页 共1页 |

为确保校准或检定结果的质量，依据实验室《质量手册》有关要求，制定本程序。

1 实验室应采取有效的核查方法，以保证校准或检定结果的质量。

2 技术组依据委托方要求和专业实际编写核查方法，技术负责人负责组织对其有效性进行评审。

3 技术组负责本专业校准或检定结果的核查，每年进行一次或根据需要确定。核查中的记录要便于发现其变化趋势，采用控制图法对结果进行核查。如发现校准或检定结果出现异常，应及时进行技术分析，查找原因，提出处理意见和建议，并报技术负责人。

4 本实验室标准核查工作，依据《测试实验室和校准实验室通用要求》执行。

5 相关文件

CX0901-20AA《不符合要求的控制程序》

CX2202-20AA《测量标准核查方法》

6 支持文件

ZY2201-20AA《核查方法评审表》

ZY2203-20AA《核查报告》

# ××(单位)计量分队 程序文件

## 测量标准核查方法

编号：CX2202-20AA

修改次数：00

实施日期：20BB.01.01

第 1 页　共 3 页

为确保测量标准核查工作的有效性，依据实验室《质量手册》有关要求，结合实验室测量标准实际情况，制定本规定。

1　本实验室采用休哈特控制图法开展测量标准核查，核查依据经评审的核查方法。

2　核查标准选取：选取具有非常好重复性与稳定性的被测设备作为核查标准。

3　核查点选取：选取标准设备测量不确定度最优点作为核查点。

4　核查时机：测量标准在两次溯源之间，应至少进行一次核查；在测量标准离开实验室返回后，应进行核查；执行重大任务前，应进行核查。

5　核查数据库建立：核查数据库至少需要 6 组数据，用于建立控制图控制限。

5.1　常规测量标准核查数据库建立：使用固定的核查标准，在固定的核查点，每年对测量标准进行一组重复性测试，测量次数不少于 6 次，连续采集 6 年，以此建立核查数据库。

5.2　新建测量标准核查数据库建立：新采购标准设备经上级计量技术机构计量，验收合格后，可以进行数据库数据采集。使用固定的核查标准，在固定的核查点，测量标准每月进行一组重复性测试，测量次数不少于 6 次，连续采集 6 次，以此建立核查数据库。

6　测量标准核查应使用标准差控制图与平均值控制图同时对测量结果进行判定。标准差控制图体现测量过程的分散性，平均值控制图体现测量标准性能的偏移。

7　控制限的计算

假设记录 $m$ 组重复性测试数据，每组数据进行 $n(n \geqslant 6)$ 次重复测量，分别记为 $x_{1n}$，$x_{2n}$，$\cdots$，$x_{mn}$。控制图基线与控制线的计算公式如表 1 所示，$B_3$、$B_4$ 的取值如表 2 所示。

# ××(单位)计量分队 **程序文件**

| | |
|---|---|
| **测量标准核查方法** | 编号：CX2202-20AA |
| | 修改次数：00 |
| | 实施日期：20BB.01.01 |
| | 第2页　共3页 |

表1 　　　　　　　　　　　　　　　控制图法计算公式表

| 序号 | 名称 | 平均值 | 标准差 | 基线 | 控制上线 | 控制下线 |
|---|---|---|---|---|---|---|
| 1 | 平均值-标准差控制图 | $\bar{x} = \sum\limits_{i=1}^{n} x_i$ | $s = \sqrt{\dfrac{\sum\limits_{i=1}^{n}(x_i - \bar{x})^2}{n-1}}$ | $\bar{\bar{x}} = \sum\limits_{i=1}^{m} \bar{x}_i$ | $\bar{\bar{x}} + 3\bar{s}$ | $\bar{\bar{x}} - 3\bar{s}$ |
| 2 | 标准差控制图 | | | $\bar{s} = \sqrt{\dfrac{1}{m}\sum\limits_{j=1}^{m} s_j^2}$ | $B_4\bar{s}$ | $B_3\bar{s}$ |

表2 　　　　　　　　　　　　　　　$B_3$、$B_4$系数表

| 观测次数($n$) | 6 | 8 | 10 | 16 | 25 |
|---|---|---|---|---|---|
| $B_3$ | 0.030 | 0.185 | 0.284 | 0.448 | 0.565 |
| $B_4$ | 1.970 | 1.815 | 1.716 | 1.552 | 1.435 |

8　控制图底图绘制：依据计算所得控制限，可绘制控制图底图，如图1所示。

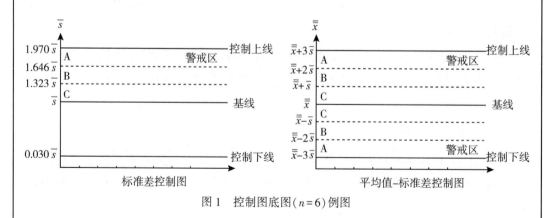

图1　控制图底图($n=6$)例图

# ××（单位）计量分队 程序文件

| 测量标准核查方法 | 编号：CX2202-20AA |
| | 修改次数：00 |
| | 实施日期：20BB.01.01 |
| | 第3页 共3页 |

9 核查的实施：使用固定的核查标准，在固定的核查点，进行一组重复性测试，测量次数不少于6次，计算相应的平均值与标准差值，将其绘入控制图底图，依据一个或一系列核查点形成的控制图线，对核查结果进行判定。首先对标准差控制图进行判定，再对平均值控制图进行判定。

10 失控的判定依据

10.1 标准差控制图失控判定依据：核查点落于控制图控制上线之外，则认为测量过程出现了较大的分散性，判定核查失败。核查点落于基线下方，分散性较小，不作出核查失败判定。

10.2 平均值控制图失控判定依据：控制图线出现8种不受控状态的形态，便可判断测量标准状态是否受控。分别为：(1)1个测量点出现在A区以外；(2)连续9个测量点出现在中心线同侧；(3)连续6个测量点出现单调递增或递减趋势；(4)连续14个测量点出现上下交替排列；(5)连续3个测量点中有2个测量点出现在中心线同侧A区；(6)连续5个测量点中有4个测量点出现在中心线同侧A区或B区；(7)连续15个测量点出现在中心线两侧的C区；(8)连续8个测量点出现在中心线两侧且都不在C区。

11 核查不通过的处置：需通过控制图线形态分析测量过程失控因素，采用更换操作人员、更换标准比对、改善环境条件、延长预热等手段，重新测量。若再次测量数据合格，则核查通过；若仍不通过，则核查失败，测量标准停用。

12 核查时应填写原始记录，原始记录应包括测量标准信息、核查标准信息、工作环境条件信息、采用的方法、测量的数据、测量人与审核人的署名等内容。原始记录应归档于标准档案中。

13 相关文件

CX0901-20AA《不符合要求的控制程序》

14 支持文件

ZY2201-20AA《核查方法评审表》

ZY2203-20AA《核查报告》

# ××(单位)计量分队 **程序文件**

| | |
|---|---|
| **证书的编写规定** | 编号：CX2301-20AA |
| | 修改次数：01 |
| | 实施日期：20BB.01.01 |
| | 第1页 共2页 |

为确保本实验室出具的证书准确、清晰、明确和客观，依据实验室《质量手册》有关要求，制定本规定。

1 证书所用的计量单位应符合《中华人民共和国法定计量单位》的要求。

2 证书的格式及标题应统一，校准或检定数据的表达要准确、清晰、明确和客观。

3 本实验室出具的证书至少应包括以下信息：

a. 证书的名称；

b. 实验室的名称、通讯地址、邮政编码、电话或传真；

c. 证书的编号、页码、终止号；

d. 委托方的名称和地址；

e. 测量标准名称、证书号、测量不确定度；

f. 所依据的技术标准、规范或规程的代号及名称；

g. 被校件或被检件的名称、规格型号、编号、制造厂家；

h. 校准或检定日期，检定证书应有有效日期，校准证书应有建议下次校准时间；

i. 校准或检定温度、湿度等环境条件；

j. 结果只对被校件或被检件有效的声明；

k. 未经实验室同意，不准部分复印证书的声明；

l. 校准或检定人、审核人、批准人签字；

m. 本实验室加盖的检定/校准专用章；

n. 进行校准或检定时，对测量结果有影响的特殊条件的说明。

4 实验室在校准证书中给出的建议下次校准时间，根据委托方使用中的需求和实际工作技术要求而定。

5 在实验室进行工作时出具的证书编号格式为：

| ╳╳(单位)计量分队 **程序文件** | |
|---|---|
| 证书的编写规定 | 编号：CX2301-20AA |
| | 修改次数：01 |
| | 实施日期：20BB.01.01 |
| | 第2页 共2页 |

╳-╳╳-╳╳╳╳

(1) (2) (3)

注：

(1)表示计量专业代码，用汉字表示，电、长、力分别表示为：电磁计量、长度计量、压力计量；

(2)表示年号，取公元年号的后两位，如 BB 表示 20BB 年；

(3)表示流水号，按 001，002，003，…，依次排序。

6 支持文件

ZY2301-20AA《原始记录》

ZY2302-20AA《校准证书》

ZY2303-20AA《检定证书》

ZY2304-20AA《检定结果通知书》

| ××(单位)计量分队 **程序文件** | |
|---|---|
| **证书的管理规定** | 编号：CX2302-20AA |
| | 修改次数：00 |
| | 实施日期：20BB.01.01 |
| | 第1页　共1页 |

为加强对本实验室出具的证书的管理，依据实验室《质量手册》有关要求，制定本规定。

1　对于满足量值传递要求的被校件或被检件，且具有现行有效的标准、规程、规范或经审定批准的方法，技术组负责出具检定证书或校准证书；对于校准或检定不合格的被校件或被检件，技术组负责出具检定结果通知书。

2　证书由校准或检定人员负责编写，审核人员负责审核，实验室领导负责核验批准。

3　证书经校准或检定人员、审核人员和实验室领导分别签字，并加盖实验室检定/校准专用章后方可生效。

4　技术组负责保管原始记录、证书的副本(电子版)，原始记录每年整理归档。

5　本实验室保证证书的公正性不受各方的干扰。

6　实验室已出具的校准证书或检定证书需要做实质性修改时，必须以文件方式出具补充件；当必须出具一份完整的校准证书或检定证书时，应做唯一标识，并在其中注明被替代的原有证书的编号，并收回原有证书。

7　相关文件

CX0302-20AA《实验室保密管理规定》

8　支持文件

ZY2302-20AA《校准证书》

ZY2303-20AA《检定证书》

ZY2304-20AA《检定结果通知书》

ZY2305-20AA《证书的补充件》

## ××(单位)计量分队 程序文件

| | |
|---|---|
| **计量印章管理规定** | 编号：CX2303-20AA |
| | 修改次数：00 |
| | 实施日期：20BB.01.01 |
| | 第 1 页　共 1 页 |

为保证计量印章使用的严肃性，规范本实验室计量印章的管理和使用，避免因计量印章使用不当出现经济、法律、行政等问题，依据实验室《质量手册》制定本规定。

1　本实验室计量印章包括检定/校准专用章和计量业务公章。

2　检定或校准工作中出具的检定或校准证书等应使用检定/校准专用章并加盖证书骑缝章(证书骑缝章使用检定/校准专用章)。

3　计量印章由管理组负责保管使用。印章保管人因事不在位时，由实验室领导指定专人负责。

4　印章保管要专柜存放并加锁，防止被盗，印章使用后应及时归位。

5　印章保管人要严格按审批权限用印，对于签字齐全并符合实验室规定的检定或校准证书等可直接加盖相应计量印章，对于签字不全或不符合使用范围和审批权限的，印章管理人应拒绝用印。

6　计量印章原则上不准带离办公室，如遇特殊情况需外带使用者，须经实验室负责人批准，借印人承担印章使用期间一切责任，印章使用完毕后应及时交还印章保管人。印章如有遗失，应及时向实验室领导报告，查清原因并追究相关人员责任。

7　计量印章的保管者要认真负责，坚持原则，严禁擅自用印，不准在空白纸、空白信笺上加盖印章，违规用印者，按规定给予处理，并追究相应责任。

8　相关文件

第四章"1.3.4　实验室印章鉴别一览表"

9　支持文件

ZY2306-20AA《计量印章外出使用记录表》

# 第六章 《作业文件》编写实例

××(单位)计量分队

发放号:

## 校准实验室
# 作业文件
### (××版)

编写: ××

校对: ××

批准: ××

发布日期: _____          实施日期: _____

# ××(单位)计量分队 作业文件

## 《作业文件》更换记录

| 序号 | 更改单号 | 更换页 | 文件编号 | 更换人 | 实施日期 |
|------|----------|--------|----------|--------|----------|
|      |          |        |          |        |          |
|      |          |        |          |        |          |
|      |          |        |          |        |          |
|      |          |        |          |        |          |
|      |          |        |          |        |          |
|      |          |        |          |        |          |
|      |          |        |          |        |          |
|      |          |        |          |        |          |
|      |          |        |          |        |          |
|      |          |        |          |        |          |
|      |          |        |          |        |          |
|      |          |        |          |        |          |
|      |          |        |          |        |          |
|      |          |        |          |        |          |
|      |          |        |          |        |          |
|      |          |        |          |        |          |
|      |          |        |          |        |          |
|      |          |        |          |        |          |
|      |          |        |          |        |          |
|      |          |        |          |        |          |

# ╳╳（单位）计量分队 作业文件

## 《作业文件》修订记录

| 序号 | 修订单号 | 修订页 | 文件编号 | 修订人 | 修订日期 |
|------|----------|--------|----------|--------|----------|
|      |          |        |          |        |          |
|      |          |        |          |        |          |
|      |          |        |          |        |          |
|      |          |        |          |        |          |
|      |          |        |          |        |          |
|      |          |        |          |        |          |
|      |          |        |          |        |          |
|      |          |        |          |        |          |
|      |          |        |          |        |          |
|      |          |        |          |        |          |
|      |          |        |          |        |          |
|      |          |        |          |        |          |
|      |          |        |          |        |          |
|      |          |        |          |        |          |
|      |          |        |          |        |          |
|      |          |        |          |        |          |
|      |          |        |          |        |          |
|      |          |        |          |        |          |
|      |          |        |          |        |          |
|      |          |        |          |        |          |

# ××(单位)计量分队 作业文件

|  |  |
|---|---|
| **目 录** | 编号：ZY0000-20AA |
|  | 修改次数：00 |
|  | 实施日期：20BB.01.01 |
|  | 第1页 共2页 |

| 文件名称 | 文件编号 |
|---|---|
| 目录 | ZY0000-20AA |
| 1 质量监督记录表 | ZY0201-20AA |
| 2 质量目标考核记录表 | ZY0202-20AA |
| 3 现行受控文件清单 | ZY0301-20AA |
| 4 文件更改记录单 | ZY0302-20AA |
| 5 文件发放记录表 | ZY0303-20AA |
| 6 文件回收记录表 | ZY0304-20AA |
| 7 文件(资料)借阅登记表 | ZY0305-20AA |
| 8 文件复制记录表 | ZY0306-20AA |
| 9 文件销毁记录表 | ZY0307-20AA |
| 10 校准或检定软件评审表 | ZY0308-20AA |
| 11 要求、委托书及合同的评审记录表 | ZY0401-20AA |
| 12 偏离情况评审表 | ZY0402-20AA |
| 13 分包方评审记录表 | ZY0501-20AA |
| 14 合格分包方名录 | ZY0502-20AA |
| 15 分包设备校准、检定结果确认表 | ZY0503-20AA |
| 16 外部服务评审记录表 | ZY0601-20AA |
| 17 合格供方名录 | ZY0602-20AA |
| 18 计量保障满意度调查表 | ZY0701-20AA |
| 19 意见处理登记表 | ZY0801-20AA |
| 20 不符合要求情况报告表 | ZY0901-20AA |
| 21 纠正措施记录表 | ZY1001-20AA |
| 22 预防措施记录表 | ZY1101-20AA |
| 23 内部审核计划表 | ZY1301-20AA |
| 24 内部审核实施方案 | ZY1302-20AA |
| 25 内部审核现场检查表 | ZY1303-20AA |
| 26 内部审核报告 | ZY1304-20AA |
| 27 内部审核___次会议人员签到表 | ZY1305-20AA |
| 28 不符合项报告 | ZY1306-20AA |
| 29 管理评审计划表 | ZY1401-20AA |
| 30 管理评审记录 | ZY1402-20AA |

# ××(单位)计量分队 作业文件

|  |  |
|---|---|
| **目　录** | 编号：ZY0000-20AA |
|  | 修改次数：00 |
|  | 实施日期：20BB.01.01 |
|  | 第 2 页　共 2 页 |

| 文件名称 | 文件编号 |
|---|---|
| 31 管理评审报告 | ZY1403-20AA |
| 32 内训实施记录表 | ZY1601-20AA |
| 33 培训计划表 | ZY1602-20AA |
| 34 外训记录表 | ZY1603-20AA |
| 35 考核记录表 | ZY1604-20AA |
| 36 外训总结 | ZY1605-20AA |
| 37 人员技术档案 | ZY1606-20AA |
| 38 实验室人员一览表 | ZY1607-20AA |
| 39 实验室温湿度记录表 | ZY1701-20AA |
| 40 非标准方法评审记录表 | ZY1801-20AA |
| 41 测量标准技术状态确认记录表 | ZY1802-20AA |
| 42 校准方法 | ZY1803-20AA |
| 43 作业指导书 | ZY1804-20AA |
| 44 测量标准装置及其配套设备一览表 | ZY1901-20AA |
| 45 设备状态标识样品 | ZY1902-20AA |
| 46 设备借用登记表 | ZY1903-20AA |
| 47 设备封存审批单 | ZY1904-20AA |
| 48 溯源计划表 | ZY2001-20AA |
| 49 溯源结果确认表 | ZY2002-20AA |
| 50 计量确认记录表 | ZY2003-20AA |
| 51 计量业务委托单 | ZY2101-20AA |
| 52 核查方法评审表 | ZY2201-20AA |
| 53 核查方法 | ZY2202-20AA |
| 54 核查报告 | ZY2203-20AA |
| 55 原始记录 | ZY2301-20AA |
| 56 校准证书 | ZY2302-20AA |
| 57 检定证书 | ZY2303-20AA |
| 58 检定结果通知书 | ZY2304-20AA |
| 59 证书的补充件 | ZY2305-20AA |
| 60 计量印章外出使用记录表 | ZY2306-20AA |

# ╳╳(单位)计量分队 作业文件

| 质量监督记录表 | 编号：ZY0201-20AA |
| | 修改次数：00 |
| | 实施日期：20BB.01.01 |
| | 第 1 页　共 1 页 |

## 质量监督记录表

编号：ZL-╳╳(年份)-╳╳(序号)

| 受监督单位 | | 监督检查日期 | |
|---|---|---|---|
| 监督检查事项： | | | |
| 监督检查情况： | | | |
| 意见、建议：<br><br><br>质量监督员：　　年　月　日 | | | |
| 处理意见：<br><br><br>质量负责人：　　年　月　日 | | | |

# ××(单位)计量分队 作业文件

| | |
|---|---|
| **质量目标考核记录表** | 编号：ZY0202-20AA |
| | 修改次数：01 |
| | 实施日期：20BB.01.01 |
| | 第1页　共1页 |

## 质量目标考核记录表

| 时　间 | | | 记　录　人 | |
|---|---|---|---|---|
| 年度目标考核记录 | 已受检标准设备台数 | | 应受检标准设备台数 | |
| | 测量标准受检率(%) | | | |
| | 使用失效技术文件个数 | | 在用技术文件总数 | |
| | 在用技术文件现行有效率(%) | | | |
| | 人员培训合格数量 | | 人员培训总数量 | |
| | 人员培训合格率(%) | | | |
| | 满意次数 | | 满意度调查次数 | |
| | 委托方满意率(%) | | | |
| | 证书出错数量 | | 证书总数 | |
| | 证书差错率(%) | | | |
| | 质量责任事故数量 | | | |
| 审核意见 | | | | |
| | 质量负责人：　　　　　　　　年　　月　　日 | | | |

# ××（单位）计量分队 作业文件

编号：ZY0301-20AA

修改次数：00

实施日期：20BB.01.01

第 1 页 共 1 页

## 现行受控文件清单

### 现行受控文件清单

| 序号 | 文件名称 | 版次 | 受控编号 | 发放日期 | 所属部门 | 备注 |
|------|---------|------|---------|---------|---------|------|
|  |  |  |  |  |  |  |
|  |  |  |  |  |  |  |
|  |  |  |  |  |  |  |
|  |  |  |  |  |  |  |
|  |  |  |  |  |  |  |
|  |  |  |  |  |  |  |
|  |  |  |  |  |  |  |
|  |  |  |  |  |  |  |
|  |  |  |  |  |  |  |
|  |  |  |  |  |  |  |
|  |  |  |  |  |  |  |

# ××(单位)计量分队 作业文件

| 文件更改记录单 | 编号：ZY0302-20AA |
| --- | --- |
| | 修改次数：00 |
| | 实施日期：20BB.01.01 |
| | 第 1 页 共 1 页 |

## 文件更改记录单

编号：

| 文件名称 | | 文件编号 | |
| --- | --- | --- | --- |
| 申请更改部门 | | 申请更改时间 | |
| 申请更改原因： | | | |
| 文件更改情况说明： | | | |
| 审批意见：<br><br><br><br>质量负责人： 年 月 日 | | | |
| 备注： | | | |

# ××（单位）计量分队 作业文件

编号：ZY0303-20AA

修改次数：00

实施日期：20BB.01.01

第 1 页 共 1 页

## 文件发放记录表

编号：

### 文件发放记录表

| 序号 | 文件名称 | 受控编号 | 领用部门 | 领用时间 | 领用人 | 备注 |
|------|----------|----------|----------|----------|--------|------|
|  |  |  |  |  |  |  |
|  |  |  |  |  |  |  |
|  |  |  |  |  |  |  |
|  |  |  |  |  |  |  |
|  |  |  |  |  |  |  |
|  |  |  |  |  |  |  |
|  |  |  |  |  |  |  |
|  |  |  |  |  |  |  |
|  |  |  |  |  |  |  |
|  |  |  |  |  |  |  |
|  |  |  |  |  |  |  |
|  |  |  |  |  |  |  |
|  |  |  |  |  |  |  |
|  |  |  |  |  |  |  |

# ×× ( 单位 ) 计量分队 作业文件

编号：ZY0304-20AA
修改次数：00
实施日期：20BB.01.01
第 1 页 共 1 页

## 文件回收记录表

文件回收记录表

编号：

| 序号 | 文件名称 | 受控编号 | 所属部门 | 回收时间 | 回收人 | 回收状况 | 备注 |
|------|----------|----------|----------|----------|--------|----------|------|
|      |          |          |          |          |        |          |      |
|      |          |          |          |          |        |          |      |
|      |          |          |          |          |        |          |      |
|      |          |          |          |          |        |          |      |
|      |          |          |          |          |        |          |      |
|      |          |          |          |          |        |          |      |
|      |          |          |          |          |        |          |      |
|      |          |          |          |          |        |          |      |
|      |          |          |          |          |        |          |      |
|      |          |          |          |          |        |          |      |
|      |          |          |          |          |        |          |      |
|      |          |          |          |          |        |          |      |

# ＸＸ(单位)计量分队 作业文件

| 文件(资料)借阅登记表 | 编号：ZY0305-20AA |
| | 修改次数：00 |
| | 实施日期：20BB.01.01 |
| | 第1页 共1页 |

## 文件(资料)借阅登记表

| 序号 | 名称 | 编号 | 借阅人 | 借阅日期 | 归还日期 | 经办人 |
|------|------|------|--------|----------|----------|--------|
| | | | | | | |
| | | | | | | |
| | | | | | | |
| | | | | | | |
| | | | | | | |
| | | | | | | |
| | | | | | | |
| | | | | | | |
| | | | | | | |
| | | | | | | |
| | | | | | | |
| | | | | | | |
| | | | | | | |
| | | | | | | |
| | | | | | | |
| | | | | | | |
| | | | | | | |
| | | | | | | |
| | | | | | | |
| | | | | | | |

# ××(单位)计量分队 作业文件

| | |
|---|---|
| | 编号：ZY0306-20AA |
| 文件复制记录表 | 修改次数：00 |
| | 实施日期：20BB.01.01 |
| | 第 1 页　共 1 页 |

## 文件复制记录表

| 序号 | 文件名称 | 受控编号 | 复制数量 | 复制日期 | 承办人 | 批准人 | 备注 |
|---|---|---|---|---|---|---|---|
| | | | | | | | |
| | | | | | | | |
| | | | | | | | |
| | | | | | | | |
| | | | | | | | |
| | | | | | | | |
| | | | | | | | |
| | | | | | | | |
| | | | | | | | |
| | | | | | | | |
| | | | | | | | |
| | | | | | | | |
| | | | | | | | |
| | | | | | | | |
| | | | | | | | |
| | | | | | | | |

# ✕✕(单位)计量分队 作业文件

## 文件销毁记录表

编号：ZY0307-20AA

修改次数：00

实施日期：20BB.01.01

第 1 页　共 1 页

### 文件销毁记录表

| 序号 | 文件名称 | 受控编号 | 数量 | 销毁日期 | 批准人 | 经办人 |
|------|----------|----------|------|----------|--------|--------|
|      |          |          |      |          |        |        |
|      |          |          |      |          |        |        |
|      |          |          |      |          |        |        |
|      |          |          |      |          |        |        |
|      |          |          |      |          |        |        |
|      |          |          |      |          |        |        |
|      |          |          |      |          |        |        |
|      |          |          |      |          |        |        |
|      |          |          |      |          |        |        |
|      |          |          |      |          |        |        |
|      |          |          |      |          |        |        |
|      |          |          |      |          |        |        |
|      |          |          |      |          |        |        |
|      |          |          |      |          |        |        |
|      |          |          |      |          |        |        |
|      |          |          |      |          |        |        |
|      |          |          |      |          |        |        |
|      |          |          |      |          |        |        |
|      |          |          |      |          |        |        |

# ××(单位)计量分队 作业文件

| | |
|---|---|
| **校准或检定软件评审表** | 编号：ZY0308-20AA |
| | 修改次数：00 |
| | 实施日期：20BB.01.01 |
| | 第1页 共1页 |

## 校准或检定软件评审表

编号：××(年份)-×××(序号)

| 软件名称 | | 版 本 | |
|---|---|---|---|
| 主持人 | | 记录人 | |
| 研制单位 | | 评审时间 | |

参加评审人员：




软件用途：




评审内容：




评审结论：


技术负责人： 　　　　　　年 月 日

# ××(单位)计量分队 作业文件

| 要求、委托书及合同的评审记录表 | 编号：ZY0401-20AA |
| | 修改次数：00 |
| | 实施日期：20BB.01.01 |
| | 第1页 共1页 |

## 要求、委托书及合同的评审记录表

编号：××(年份)-×××(序号)

| 委托方 | |
|---|---|
| 评审地点 | | 评审时间 | |
| 主持人 | | 记录人 | |

参加评审人员：


评审内容：



评审结论：



审批意见：




技术负责人： 年 月 日

# ××(单位)计量分队 作业文件

| | |
|---|---|
| **偏离情况评审表** | 编号：ZY0402-20AA |
| | 修改次数：00 |
| | 实施日期：20BB.01.01 |
| | 第 1 页　共 1 页 |

## 偏离情况评审表

编号：

| 评审项目 | | | |
|---|---|---|---|
| 评审地点 | | 评审时间 | |
| 主持人 | | 记录人 | |

参加评审人员：

评审内容：

评审结论：

审批意见：

实验室领导：　　　　　　　　　年　　月　　日

# ××(单位)计量分队 作业文件

| 分包方评审记录表 | 编号：ZY0501-20AA |
| --- | --- |
| | 修改次数：00 |
| | 实施日期：20BB.01.01 |
| | 第 1 页　共 1 页 |

## 分包方评审记录表

编号：××(年份)-×××(序号)

| 评审时间 | | 评审地点 | |
| --- | --- | --- | --- |
| 分包方 | | | |
| 需服务内容 | | | |
| 主持人 | | 记录人 | |

参加评审人员：

评审内容：

评审结论：

技术负责人：　　　　　年　月　日

# ××（单位）计量分队 作业文件

编号：ZY0502-20AA
修改次数：00
实施日期：20BB.01.01
第 1 页 共 1 页

## 合格分包方名录

## 合格分包方名录

| 序号 | 单位名称 | 分包项目 | 单位地址 | 联系人（部门） | 联系电话 | 分包能力证明文件 | 备注 |
|---|---|---|---|---|---|---|---|
| | | | | | | | |
| | | | | | | | |
| | | | | | | | |
| | | | | | | | |
| | | | | | | | |
| | | | | | | | |
| | | | | | | | |

批准人：　　　　　　　　　　　　　　　日期：　　年　　月　　日

158

# ×× (单位) 计量分队 作业文件

编号：ZY0503-20AA
修改次数：00
实施日期：20BB.01.01
第 2 页 共 2 页

## 分包设备校准、检定结果确认表

单位：　　　　　　　　　　　　　　　　　　　　　　　　　　　　　　　　编号：

| 序号 | 被校、被检设备信息 | | | 状态 | 分包信息 | | 确认内容 | 分包后确认信息 | | | 备注 |
|---|---|---|---|---|---|---|---|---|---|---|---|
| | 名称 | 型号 | 编号 | | 外协单位 | 证书号 | | 确认结论 | 确认人签字 | 确认日期 | |
| 1 | | | | □完好 □缺损 | | | ①检定项目、数据准确 □ ②量程满足技术要求、完整满足技术要求 □ | | | | |
| 2 | | | | □完好 □缺损 | | | ①检定项目、数据准确 □ ②量程满足技术要求、完整满足技术要求 □ | | | | |
| 3 | | | | □完好 □缺损 | | | ①检定项目、数据准确 □ ②量程满足技术要求、完整满足技术要求 □ | | | | |
| 4 | | | | □完好 □缺损 | | | ①检定项目、数据准确 □ ②量程满足技术要求、完整满足技术要求 □ | | | | |
| 5 | | | | □完好 □缺损 | | | ①检定项目、数据准确 □ ②量程满足技术要求、完整满足技术要求 □ | | | | |
| 6 | | | | □完好 □缺损 | | | ①检定项目、数据准确 □ ②量程满足技术要求、完整满足技术要求 □ | | | | |
| 7 | | | | □完好 □缺损 | | | ①检定项目、数据准确 □ ②量程满足技术要求、完整满足技术要求 □ | | | | |
| 8 | | | | □完好 □缺损 | | | ①检定项目、数据准确 □ ②量程满足技术要求、完整满足技术要求 □ | | | | |

技术负责人：　　　　　　　　　　　　　　　　日期：　　　　　年　　月　　日

159

# ××(单位)计量分队 作业文件

| | 编号：ZY0601-20AA |
|---|---|
| **外部服务评审记录表** | 修改次数：00 |
| | 实施日期：20BB.01.01 |
| | 第 1 页　共 1 页 |

## 外部服务评审记录表

编号：××(年份)-×××(序号)

| 评审时间 | | 评审地点 | |
|---|---|---|---|
| 外部服务供方 | | | |
| 需服务内容 | | | |
| 主持人 | | 记录人 | |

参加评审人员：

评审内容：

评审结论：

技术负责人：　　　　　年　　月　　日

# ××（单位）计量分队 作业文件

编号：ZY0602-20AA
修改次数：00
实施日期：20BB.01.01
第 1 页 共 1 页

合格供方名录

## 合格供方名录

| 序号 | 单位名称 | 服务项目 | 单位地址 | 联系人（部门） | 联系电话 | 服务能力证明文件 | 备注 |
|---|---|---|---|---|---|---|---|
|  |  |  |  |  |  |  |  |
|  |  |  |  |  |  |  |  |
|  |  |  |  |  |  |  |  |
|  |  |  |  |  |  |  |  |
|  |  |  |  |  |  |  |  |
|  |  |  |  |  |  |  |  |
|  |  |  |  |  |  |  |  |
|  |  |  |  |  |  |  |  |
|  |  |  |  |  |  |  |  |
|  |  |  |  |  |  |  |  |
|  |  |  |  |  |  |  |  |

批准人： 日期： 年 月 日

# ××(单位)计量分队 作业文件

| | |
|---|---|
| **计量保障满意度调查表** | 编号：ZY0701-20AA |
| | 修改次数：01 |
| | 实施日期：20BB.01.01 |
| | 第 1 页　共 1 页 |

## 计量保障满意度调查表

编号：××(年份)-×××(序号)

| 委托方 | | | |
|---|---|---|---|
| 保障时间 | | 保障方式 | □送检 □巡校 □其他 |
| 联系人 | | 联系电话 | |
| 通讯地址 | | | |

　　为了更好地为贵单位提供优质、及时的计量保障服务，请贵单位对本中心提供的计量保障服务做出评价，并提出宝贵意见和建议：

1. 服务态度：　　□很满意　　□满意　　□一般　　□较差
2. 服务质量：　　□很满意　　□满意　　□一般　　□较差
3. 响应速度：　　□很满意　　□满意　　□一般　　□较差
4. 问题解决情况：□很满意　　□满意　　□一般　　□较差
5. 其他意见和建议(可另附页)：

总体评价：　　□很满意　　　□满意　　□一般　　□较差

单位盖章或负责人签字：　　　　　　填表人签字：　　　年　　月　　日

# ××（单位）计量分队 作业文件

|  | |
|---|---|
| 意见处理登记表 | 编号：ZY0801-20AA |
| | 修改次数：00 |
| | 实施日期：20BB.01.01 |
| | 第 1 页 共 1 页 |

## 意见处理登记表

编号：

| 提出意见单位 | | 联 系 人 | |
|---|---|---|---|
| 提出意见时间 | | 联系方式 | |

意见描述：




记录人： 日期：

处理意见：




责任人： 日期：

审批意见：




实验室相关领导： 日期：

备注：

# ××(单位)计量分队 作业文件

| | 编号：ZY0901-20AA |
|---|---|
| **不符合要求情况报告表** | 修改次数：00 |
| | 实施日期：20BB.01.01 |
| | 第 1 页 共 1 页 |

## 不符合要求情况报告表

编号：××(年份)-×××(序号)

| 不符合要求情况报告单位 | |
|---|---|
| 不符合要求情况类别 | |

不符合要求情况描述：

报告人： 日期：

处理意见：

技术组负责人： 日期：

审批意见：

实验室相关领导： 日期：

备注：

# ╳╳(单位)计量分队 作业文件

| | |
|---|---|
| 纠正措施记录表 | 编号：ZY1001-20AA |
| | 修改次数：00 |
| | 实施日期：20BB.01.01 |
| | 第1页 共1页 |

## 纠正措施记录表

编号：╳╳(年份)-╳╳╳(序号)

| 纠正措施实施单位 | |
|---|---|
| 不符合情况原因分析：<br><br><br><br><br>相关责任人： 日期： | |
| 纠正措施：<br><br><br><br><br>技术组负责人： 日期： | |
| 评审意见：<br><br><br>实验室相关领导： 日期： | |
| 实施结果跟踪验证：<br><br><br><br>跟踪验证人： 日期： | |

# ××(单位)计量分队 作业文件

| 预防措施记录表 | 编号：ZY1101-20AA |
| --- | --- |
| | 修改次数：00 |
| | 实施日期：20BB.01.01 |
| | 第1页　共1页 |

## 预防措施记录表

编号：××(年份)-×××(序号)

| 预防措施实施单位 | |
| --- | --- |
| 潜在问题描述：<br><br><br>相关责任人：　　　　日期： | |
| 潜在问题原因分析：<br><br><br>技术组负责人：　　　　日期： | |
| 预防措施：<br><br><br>技术组负责人：　　　　日期： | |
| 评审意见：<br><br><br>实验室相关领导：　　　　日期： | |
| 实施结果跟踪验证：<br><br><br>跟踪验证人：　　　　日期： | |

# ×× (单位) 计量分队 作业文件

| 内部审核计划表 | 编号：ZY1301-20AA |
| --- | --- |
| | 修改次数：00 |
| | 实施日期：20BB.01.01 |
| | 第 1 页　共 1 页 |

## 内部审核计划表

| 审核目的 | |
| --- | --- |
| 审核范围 | |
| 审核依据 | |
| 审核日期 | | |
| 被审核部门 | | |
| 审核人员 | |

内审组长(签名)：　　　　　　　　　　日期：　　年　　月　　日

批　准　人(签名)：　　　　　　　　　　日期：　　年　　月　　日

# ××(单位)计量分队 作业文件

| 内部审核实施方案 | 编号：ZY1302-20AA |
| --- | --- |
| | 修改次数：00 |
| | 实施日期：20BB.01.01 |
| | 第1页 共1页 |

## 内部审核实施计划表

| 日期 | 时间 | | |
| --- | --- | --- | --- |
| | | | |
| | | | |
| | | | |
| | | | |
| | | | |
| | | | |
| | | | |
| | | | |
| | | | |
| | | | |
| | | | |
| 内审组长(签名)： | | 日期： 年 月 日 | |
| 批 准 人(签名)： | | 日期： 年 月 日 | |

# ××（单位）计量分队 作业文件

编号：ZY1303-20AA
修改次数：00
实施日期：20BB.01.01
第 1 页 共 1 页

## 内部审核现场检查表

### 内部审核现场检查表

受审核部门：

文件编号：

| 标准要素 | 检查要点与内容 | 检查方式 | 检查情况与结果 |
|---|---|---|---|
| | | | |
| | | | |
| | | | |

内审员（签字）：      年___月___日

内审组长（签字）：      年___月___日

# ╳╳(单位)计量分队 作业文件

| | |
|---|---|
| **内部审核报告** | 编号：ZY1304-20AA |
| | 修改次数：00 |
| | 实施日期：20BB.01.01 |
| | 第1页 共2页 |

文件编号：

# 内 部 审 核 报 告

被审核部门：

内审组长(签名)：

内审员(签名)：

内审起止时间：

| 编制人： | 日期： | 批准人： | 日期： |
|---|---|---|---|

# ××(单位)计量分队 作业文件

| 内部审核报告 | 编号：ZY1304-20AA |
| --- | --- |
| | 修改次数：00 |
| | 实施日期：20BB.01.01 |
| | 第2页　共2页 |

| | |
| --- | --- |
| 审核目的 | |
| 审核范围 | |
| 审核依据 | |
| 审核情况综述 | |
| 建议 | |
| 审核结果评价 | |

# ××(单位)计量分队 作业文件

| | |
|---|---|
| 内部审核____次会议人员签到表 | 编号：ZY1305-20AA |
| | 修改次数：00 |
| | 实施日期：20BB.01.01 |
| | 第1页 共1页 |

### 内部审核____次会议人员签到表

时间： 年 月 日

| 序号 | 姓　名 | 职　务 | 所在部门 |
|---|---|---|---|
| | | | |
| | | | |
| | | | |
| | | | |
| | | | |
| | | | |
| | | | |
| | | | |
| | | | |
| | | | |

# ××(单位)计量分队 作业文件

| | |
|---|---|
| 不符合项报告 | 编号：ZY1306-20AA |
| | 修改次数：00 |
| | 实施日期：20BB.01.01 |
| | 第1页 共1页 |

## 不符合项报告

编号：

| 受审核部门 | | 部门负责人 | |
|---|---|---|---|
| 不符合项描述：（不符合条款判定） | | | |

| 对应 GJB 2725A—2001 条款： | 对应质量手册： |
|---|---|

不符合程度：□ 严重不符合　　　　　　　　　□ 一般不符合

| 内审员： | 日期： | 内审组长： | 日期： |
|---|---|---|---|
| 纠正措施完成期限： | | 被审核单位负责人： | 日期： |

受审核部门对不符合项整改情况：（原因分析、纠正措施及完成情况）

| 实际完成日期： | 被审核单位负责人： |
|---|---|

纠正措施有效性验证情况：

验证人：　　　　　　　　　　　　　　日期：

审核结果：

内审组长：　　　　　　　　　　　　　日期：

# ××(单位)计量分队 作业文件

| 管理评审计划表 | 编号：ZY1401-20AA |
| --- | --- |
| | 修改次数：00 |
| | 实施日期：20BB.01.01 |
| | 第 1 页　共 1 页 |

## 管理评审计划表

| 评审目的： |
| --- |
| 评审范围： |
| 评审依据： |
| 评审内容： |
| 时间安排： |
| 参加人员： |

| 实验室最高领导<br>（签字） | | 日　期 | |
| --- | --- | --- | --- |

# ╳╳(单位)计量分队 作业文件

|  |  |
|---|---|
| 管理评审记录 | 编号：ZY1402-20AA |
|  | 修改次数：00 |
|  | 实施日期：20BB.01.01 |
|  | 第1页　共1页 |

## 管理评审记录

| 会议名称 |  | 主持人 |  |
|---|---|---|---|
| 评审时间 |  | 记录人 |  |
| 评审地点 |  |  |  |

参加评审人员：

评审范围：

评审依据：

评审内容：

评审综述：

实验室最高领导：　　　　　　　　日期：

备注：

# ××(单位)计量分队 作业文件

| 管理评审报告 | 编号：ZY1403-20AA |
| --- | --- |
| | 修改次数：00 |
| | 实施日期：20BB. 01. 01 |
| | 第1页 共2页 |

文件编号：　　　　　　　　　　　　　　　　　内部资料

# 管 理 评 审 报 告

编制：＿＿＿＿＿＿　　日期：＿＿＿＿＿＿

批准：＿＿＿＿＿＿　　日期：＿＿＿＿＿＿

××(单位)

# ××(单位)计量分队 作业文件

| 管理评审报告 | 编号：ZY1403-20AA |
| --- | --- |
| | 修改次数：00 |
| | 实施日期：20BB.01.01 |
| | 第 2 页　共 2 页 |

评审目的：

评审依据：

评审内容：

评审决策：

参加评审人员：

实验室最高领导(签字)：

# ××(单位)计量分队 作业文件

| 授课记录表 | 编号：ZY1601-20AA |
| --- | --- |
| | 修改次数：00 |
| | 实施日期：20BB.01.01 |
| | 第1页　共2页 |

## 授课记录表

编号：××(年份)-××(类型)-×××(序号)

| 培训时间 | | 培训地点 | |
| --- | --- | --- | --- |
| 授课教员 | | 记录人 | |
| 科目 | | 课时 | |
| 参训人员签到表 | | | |
| 序号 | 姓名 | 序号 | 姓名 |
| 1 | | 9 | |
| 2 | | 10 | |
| 3 | | 11 | |
| 4 | | 12 | |
| 5 | | 13 | |
| 6 | | 14 | |
| 7 | | 15 | |
| 8 | | 16 | |
| 教员签名： | | | 时间： |

# ╳╳(单位)计量分队 **作业文件**

| 内训实施记录表 | 编号：ZY1601-20AA |
| | 修改次数：00 |
| | 实施日期：20BB.01.01 |
| | 第2页 共2页 |

编号：　　　　　　　　　　　　　　　　　　　　　　　　共╳页　第╳页

授课内容：

教员签字：　　　　　　　　　　　　　　　　　　　　　　日期：

# ××(单位)计量分队 作业文件

| | |
|---|---|
| 培训计划表 | 编号：ZY1602-20AA |
| | 修改次数：00 |
| | 实施日期：20BB.01.01 |
| | 第1页 共1页 |

## 内(外)训计划表　　编号：

| 序号 | 姓名 | 所属单位 | 拟培训内容 | 备注 |
|---|---|---|---|---|
| | | | | |
| | | | | |
| | | | | |
| | | | | |
| | | | | |
| | | | | |
| | | | | |
| | | | | |
| | | | | |
| | | | | |
| | | | | |
| | | | | |
| | | | | |
| | | | | |
| | | | | |
| | | | | |
| | | | | |
| | | | | |

批准人：　　　　　　　　　　　　　　日期：　年　月　日

# ╳╳(单位)计量分队 作业文件

外训记录表

编号：ZY1603-20AA

修改次数：00

实施日期：20BB.01.01

第 1 页　共 1 页

## 外训记录表

编号：

| 序号 | 组训单位 | 培训内容 | 参训人员 | 培训时间 | 培训结果 | 记录人 | 备注 |
|------|----------|----------|----------|----------|----------|--------|------|
|      |          |          |          |          |          |        |      |
|      |          |          |          |          |          |        |      |
|      |          |          |          |          |          |        |      |
|      |          |          |          |          |          |        |      |
|      |          |          |          |          |          |        |      |
|      |          |          |          |          |          |        |      |
|      |          |          |          |          |          |        |      |
|      |          |          |          |          |          |        |      |
|      |          |          |          |          |          |        |      |
|      |          |          |          |          |          |        |      |
|      |          |          |          |          |          |        |      |
|      |          |          |          |          |          |        |      |
|      |          |          |          |          |          |        |      |
|      |          |          |          |          |          |        |      |
|      |          |          |          |          |          |        |      |
|      |          |          |          |          |          |        |      |
|      |          |          |          |          |          |        |      |
|      |          |          |          |          |          |        |      |
|      |          |          |          |          |          |        |      |

# ××(单位)计量分队 作业文件

| 考核记录表 | 编号：ZY1604-20AA |
| --- | --- |
| | 修改次数：00 |
| | 实施日期：20BB.01.01 |
| | 第1页 共1页 |

## 考核记录表

编号：

| 序号 | 姓名 | 组考单位 | 考核时间 | 考核内容 | 考核结果 | 记录人 | 备注 |
| --- | --- | --- | --- | --- | --- | --- | --- |
| | | | | | | | |
| | | | | | | | |
| | | | | | | | |
| | | | | | | | |
| | | | | | | | |
| | | | | | | | |
| | | | | | | | |
| | | | | | | | |
| | | | | | | | |
| | | | | | | | |
| | | | | | | | |
| | | | | | | | |
| | | | | | | | |
| | | | | | | | |
| | | | | | | | |
| | | | | | | | |
| | | | | | | | |
| | | | | | | | |
| | | | | | | | |
| | | | | | | | |

# ××(单位)计量分队 作业文件

| 外训总结 | 编号：ZY1605-20AA |
| --- | --- |
| | 修改次数：00 |
| | 实施日期：20BB.01.01 |
| | 第 1 页 共 1 页 |

## 外训总结

编号：

| 姓　名 | | 专　业 | |
| --- | --- | --- | --- |
| 起止时间 | | 地　点 | |
| 培训内容 | | | |
| 培　训　总　结 | | | |
| 评　价 | | | |

技术负责人：　　　　　　　　日期：　　年　月　日

# ××(单位)计量分队 作业文件

| | |
|---|---|
| **人员技术档案** | 编号：ZY1606-20AA |
| | 修改次数：00 |
| | 实施日期：20BB.01.01 |
| | 第1页　共2页 |

## 人员技术档案　　　　编号：

| 姓　　名 | | 出生年月 | | 性别 | |
|---|---|---|---|---|---|
| 第一学历 | | 院校/专业 | | | |
| 最高学历 | | 院校/专业 | | | |
| 检定员证书号 | | 内审员证书号 | | | |
| 主考员证书号 | | 评审员证书号 | | | |
| 计量工作简历 | 起止时间 | 从事专业 | | 职称 | 备注 |
| | | | | | |
| | | | | | |
| | | | | | |
| | | | | | |
| | | | | | |
| | | | | | |
| | | | | | |
| 工作业绩 | | | | | |

# ××(单位)计量分队 作业文件

| 人员技术档案 | 编号：ZY1606-20AA |
| | 修改次数：00 |
| | 实施日期：20BB.01.01 |
| | 第2页　共2页 |

| | 培训时间 | 组训单位 | 培训内容 | 备注 |
|---|---|---|---|---|
| 专业培训经历 | | | | |
| | | | | |
| | | | | |
| | | | | |
| | | | | |
| | | | | |
| | | | | |
| | | | | |
| | | | | |
| | | | | |
| | | | | |
| | | | | |
| | | | | |
| | | | | |
| | | | | |

# ××（单位）计量分队 作业文件

编号：ZY1607-20AA
修改次数：00
实施日期：20BB.01.01
第 1 页　共 1 页

## 实验室人员一览表

## 实验室人员一览表

更新时间：

| 序号 | 姓名 | 性别 | 职务/职称 | 学历 | 检定员证号 | 持证参数 | 从事专业 | 发证日期 | 有效期至 | 备注 |
|------|------|------|-----------|------|------------|----------|----------|----------|----------|------|
|      |      |      |           |      |            |          |          |          |          |      |
|      |      |      |           |      |            |          |          |          |          |      |
|      |      |      |           |      |            |          |          |          |          |      |
|      |      |      |           |      |            |          |          |          |          |      |
|      |      |      |           |      |            |          |          |          |          |      |
|      |      |      |           |      |            |          |          |          |          |      |
|      |      |      |           |      |            |          |          |          |          |      |
|      |      |      |           |      |            |          |          |          |          |      |
|      |      |      |           |      |            |          |          |          |          |      |
|      |      |      |           |      |            |          |          |          |          |      |
|      |      |      |           |      |            |          |          |          |          |      |

# ××(单位)计量分队 作业文件

| 实验室温湿度记录表 | 编号：ZY1701-20AA |
| | 修改次数：00 |
| | 实施日期：20BB.01.01 |
| | 第1页 共1页 |

## 实验室温湿度记录表

工作场所：_____

| 年 | | | | 温度(℃) | 相对湿度(%) | 记录人 | 备注 |
| 月 | 日 | 时 | 分 | | | | |
|---|---|---|---|---|---|---|---|
| | | | | | | | |
| | | | | | | | |
| | | | | | | | |
| | | | | | | | |
| | | | | | | | |
| | | | | | | | |
| | | | | | | | |
| | | | | | | | |
| | | | | | | | |
| | | | | | | | |
| | | | | | | | |
| | | | | | | | |
| | | | | | | | |
| | | | | | | | |
| | | | | | | | |
| | | | | | | | |
| | | | | | | | |

# ✕✕(单位)计量分队 作业文件

| | 编号：ZY1801-20AA |
|---|---|
| **非标准方法评审记录表** | 修改次数：00 |
| | 实施日期：20BB.01.01 |
| | 第 1 页 共 1 页 |

## 非标准方法评审记录表

编号：

| 方法名称 | | | |
|---|---|---|---|
| 申请单位 | | 评审时间 | |
| 主 持 人 | | 记 录 人 | |

参加人员(本人签名)：

方法的使用范围、用途及条件：

技术组负责人： 年 月 日

分析、试验、验证结论：

验证人： 年 月 日

评审意见：

技术负责人： 年 月 日

# ××(单位)计量分队 作业文件

| 测量标准技术状态确认记录表 | 编号：ZY1802-20AA |
| --- | --- |
| | 修改次数：00 |
| | 实施日期：20BB.01.01 |
| | 第 1 页　共 1 页 |

## 测量标准技术状态确认记录表

编号：

| 测量标准名称 | | 所属专业 | |
| --- | --- | --- | --- |
| 确认人 | | 确认时间 | |

外观：

功能检查：

数据抽测：

结论：

技术组负责人：　　　　　　年　　月　　日

# ××（单位）计量分队 作业文件

| 校准方法 | 编号：ZY1803-20AA |
| --- | --- |
| | 修改次数：00 |
| | 实施日期：20BB.01.01 |
| | 第1页 共2页 |

文件编号：JZ-××××　　　　　　　　　　　密级：内部资料

# ××××校 准 方 法

编写：＿＿＿＿＿＿＿

审核：＿＿＿＿＿＿＿

批准：＿＿＿＿＿＿＿

20××-××-××发布　　　　　　　　　　20××-××-××实施

## ××计量分队

# ××（单位）计量分队 作业文件

| 校准方法 | 编号：ZY1803-20AA |
| --- | --- |
| | 修改次数：00 |
| | 实施日期：20BB.01.01 |
| | 第2页 共2页 |

文件编号：　　　　　　　　　　　　　　　第×页　共×页

## ××××校准方法

## ××(单位)计量分队 作业文件

| 作业指导书 | 编号：ZY1804-20AA |
| --- | --- |
| | 修改次数：00 |
| | 实施日期：20BB.01.01 |
| | 第 1 页　共 2 页 |

文件编号：ZD-××××　　　　　　　　　　密级：内部资料

# ××××作业指导书

编写：_____

审核：_____

批准：_____

20××-××-××发布　　　　　　　　　　20××-××-××实施

××计量分队

| ××（单位）计量分队 **作业文件** | | |
|---|---|---|
| 作业指导书 | 编号：ZY1804-20AA | |
| | 修改次数：00 | |
| | 实施日期：20BB.01.01 | |
| | 第2页 共2页 | |

文件编号：　　　　　　　　　　　　　　　　第×页　共×页

# ××××作业指导书

# ××(单位)计量分队 **作业文件**

| 测量标准装置及其配套设备一览表 | 编号：ZY1901-20AA |
| | 修改次数：00 |
| | 实施日期：20BB.01.01 |
| | 第1页 共1页 |

## 测量标准装置及其配套设备一览表

共 页 第 页

| 测量标准装置名称 | 测量范围 | 不确定度 | 建标日期 | 最近复查日期 | 测量标准证书号 |
|---|---|---|---|---|---|
| | | | | | |
| | | | | | |
| | | | | | |
| | | | | | |

| 测量标准、主要仪器及配套设备名称 | 型号 | 编号 | 测量范围 | 不确定度或允许误差极限或准确度等级 | 依据的检定规程 |
|---|---|---|---|---|---|
| | | | | | |
| | | | | | |
| | | | | | |
| | | | | | |

# ××（单位）计量分队 作业文件

<table>
<tr><td rowspan="4">设备状态标识样品</td><td>编号：ZY1902-20AA</td></tr>
<tr><td>修改次数：00</td></tr>
<tr><td>实施日期：20BB.01.01</td></tr>
<tr><td>第 1 页　共 1 页</td></tr>
</table>

## 设备状态标识样品

| 序号 | 标识名称 | 样品式样 | 用途及说明 |
|------|----------|----------|------------|
|  |  |  |  |
|  |  |  |  |
|  |  |  |  |
|  |  |  |  |
|  |  |  |  |

# ××（单位）计量分队 作业文件

编号：ZY1903-20AA

修改次数：00

实施日期：20BB.01.01

第 1 页 共 1 页

## 设备借用登记表

## 设备借用登记表

| 序号 | 设备名称 | 型号 | 编号 | 借用状态 | 借用人 | 借用日期 | 批准人 | 返还日期 | 返还状态 | 接收人 | 备注 |
|---|---|---|---|---|---|---|---|---|---|---|---|
| | | | | | | | | | | | |
| | | | | | | | | | | | |
| | | | | | | | | | | | |
| | | | | | | | | | | | |
| | | | | | | | | | | | |
| | | | | | | | | | | | |
| | | | | | | | | | | | |

# ××（单位）计量分队 **作业文件**

| | |
|---|---|
| **设备封存审批单** | 编号：ZY1904-20AA |
| | 修改次数：00 |
| | 实施日期：20BB.01.01 |
| | 第 1 页　共 1 页 |

## 设备封存审批单

编号：

| 申请人 | | 所属专业 | | 申请时间 | |
|---|---|---|---|---|---|
| | | | | | |

设备信息：

| 序号 | 设备名称 | 厂家 | 型号 | 编号 | 设备状态 | 负责人 | 备注 |
|---|---|---|---|---|---|---|---|
| | | | | | | | |
| | | | | | | | |
| | | | | | | | |
| | | | | | | | |
| | | | | | | | |
| | | | | | | | |

封存原因：

签字：　　　　　年　月　日

| 质量负责人意见：<br><br>签字：　　　年　月　日 | 实验室领导意见：<br><br>签字：　　　年　月　日 |
|---|---|

机关意见：

签字：　　　　　年　月　日

# ××（单位）计量分队 作业文件

编号：ZY2001-20AA
修改次数：00
实施日期：20BB.01.01
第 1 页 共 1 页

## 溯源计划表

编制时间：

### 溯源计划表

| 序号 | 所属单位 | 设备名称 | 规格型号 | 编号 | 有效期至 | 计划溯源时间 | 溯源单位 | 备注 |
|---|---|---|---|---|---|---|---|---|
| | | | | | | | | |
| | | | | | | | | |
| | | | | | | | | |
| | | | | | | | | |
| | | | | | | | | |
| | | | | | | | | |
| | | | | | | | | |
| | | | | | | | | |
| | | | | | | | | |
| | | | | | | | | |
| | | | | | | | | |
| | | | | | | | | |

批准人：　　　　　　　　　　　　　日期：　　　　年　　月　　日

# ××（单位）计量分队 作业文件

编号：ZY2002-20AA
修改次数：00
实施日期：20BB.01.01
第 1 页　共 1 页

## 溯源结果确认表

编制时间：　　年　　月　　日

### 溯源结果确认表

| 序号 | 测量设备信息 | | | 溯源信息 | | | 确认信息 | | | 备注 |
|---|---|---|---|---|---|---|---|---|---|---|
| | 名称 | 型号 | 编号 | 溯源单位 | 证书号 | 计量确认表编号 | 确认结论 | 确认人签字 | 确认日期 | |
| | | | | | | | | | | |
| | | | | | | | | | | |
| | | | | | | | | | | |
| | | | | | | | | | | |
| | | | | | | | | | | |
| | | | | | | | | | | |
| | | | | | | | | | | |
| | | | | | | | | | | |

技术负责人：　　　　　　　　　　　　　　　日期：　　　年　　月　　日

199

# ××（单位）计量分队 作业文件

编号：ZY2003-20AA
修改次数：00
实施日期：20BB.01.01
第 1 页　共 1 页

## 计量确认记录表

计量确认记录表

| 测量标准名称 | | | | 记录编号 | | |
|---|---|---|---|---|---|---|
| | 序号 | 设备名称 | 型号 | 编号 | 溯源机构 | 证书类型 | 证书编号 | 有效期至 | 备注 |

| 溯源情况 | 序号 | 设备名称 | 型号 | 编号 | 溯源机构 | 证书类型 | 证书编号 | 有效期至 | 备注 |
|---|---|---|---|---|---|---|---|---|---|
| | | | | | | | | | |
| | | | | | | | | | |

| 溯源证书有效性 | | 是否符合要求 | |
|---|---|---|---|
| 本级测量标准信息的正确性 | 测量标准信息：完整□、准确□ | 符合要求□ |
| 溯源机构选用方法的正确性 | 依据方法为 | 符合要求□ |
| 工作环境条件的符合性 | 环境条件：符合□；工作场所：符合□ | 符合要求□ |
| 量值传递与溯源等级图的符合性 | 量值传递与溯源等级图与《建标报告》一致 | 符合要求□ |
| 技术指标名称 | 测量标准计量要求 | 测量结果的确认 | 数据抽测 |

| 确认结论 | 通过确认□；不通过确认□ | 原因： |
|---|---|---|
| 确认人 | | 确认日期 |
| 审核人 | | 审核日期 |

# ×× (单位) 计量分队 作业文件

编号：ZY2101-20AA
修改次数：01
实施日期：20BB.01.01
第 1 页　共 2 页

## 计量业务委托单

### 计量业务委托单

编号：

| 委托方 | | | | 联系人 | | 电话 | | | | |
|---|---|---|---|---|---|---|---|---|---|---|
| 序号 | 计量器具名称 | 规格/型号 | 出厂编号 | 数量 | 附件 | 外观状态* | | 取件 | | 备注 |
| | | | | | | | | 取件人 | 取件日期 | |
| 1 | | | | | | □完好 □缺损 | | | | |
| 2 | | | | | | □完好 □缺损 | | | | |
| 3 | | | | | | □完好 □缺损 | | | | |
| 4 | | | | | | □完好 □缺损 | | | | |
| 5 | | | | | | □完好 □缺损 | | | | |
| 6 | | | | | | □完好 □缺损 | | | | |
| 7 | | | | | | □完好 □缺损 | | | | |
| 8 | | | | | | □完好 □缺损 | | | | |
| 9 | | | | | | □完好 □缺损 | | | | |
| 10 | | | | | | □完好 □缺损 | | | | |

第一联　计量方留存凭证

注：外观状态只限于在打开外包装后，确认外观有无明显损伤，通电、预热等功能性检查由技术组甄别。

委托方签字，日期：＿＿＿＿＿　　接收方签字，日期：＿＿＿＿＿

# ××（单位）计量分队 作业文件

| | |
|---|---|
| 编号：ZY2101-20AA | |
| 修改次数：01 | |
| 实施日期：20BB.01.01 | |
| 第 2 页 共 2 页 | |

## 计量业务委托单

第三联　送检方提取凭证

## 计量业务委托单

编号：

| 委托方 | 联系人 | | | 电话 | | | |
|---|---|---|---|---|---|---|---|

| 序号 | 计量器具名称 | 规格/型号 | 出厂编号 | 数量 | 附件 | 外观状态* | 取件人 | 取件日期 | 备注 |
|---|---|---|---|---|---|---|---|---|---|
| 1 | | | | | | □完好 □缺损 | | | |
| 2 | | | | | | □完好 □缺损 | | | |
| 3 | | | | | | □完好 □缺损 | | | |
| 4 | | | | | | □完好 □缺损 | | | |
| 5 | | | | | | □完好 □缺损 | | | |
| 6 | | | | | | □完好 □缺损 | | | |
| 7 | | | | | | □完好 □缺损 | | | |
| 8 | | | | | | □完好 □缺损 | | | |
| 9 | | | | | | □完好 □缺损 | | | |
| 10 | | | | | | □完好 □缺损 | | | |

注：外观状态只限于在打开外包装后，确认外观有无明显损伤，通电、预热等功能性检查由技术组甄别。

委托方签字，日期：　　　　　　接收方签字，日期：

# ××(单位)计量分队 作业文件

|  | 编号：ZY2201-20AA |
| :---: | :--- |
| 核查方法评审表 | 修改次数：00 |
|  | 实施日期：20BB.01.01 |
|  | 第 1 页 共 1 页 |

## 核查方法评审表

编号：

| 核查方法 | | | |
| :---: | :--- | :---: | :--- |
| 评审地点 | | 评审时间 | |
| 主持人 | | 记录人 | |

参加评审人员(本人签名)：

评审内容：

评审结论：

技术负责人： 年 月 日

# ××(单位)计量分队 作业文件

| 核查方法 | 编号：ZY2202-20AA |
| --- | --- |
| | 修改次数：00 |
| | 实施日期：20BB.01.01 |
| | 第 1 页　共 2 页 |

文件编号：HC-××××　　　　　　　　　　密级：内部资料

# ××××核 查 方 法

编写：＿＿＿＿＿＿＿＿＿

审核：＿＿＿＿＿＿＿＿＿

批准：＿＿＿＿＿＿＿＿＿

20××-××-××发布　　　　　　　　20××-××-××实施

××计量分队

×× (单位) 计量分队 **作业文件**

| 核查方法 | 编号：ZY2202-20AA |
| | 修改次数：00 |
| | 实施日期：20BB.01.01 |
| | 第 2 页　共 2 页 |

文件编号：　　　　　　　　　　　　　　　　第 × 页　共 × 页

# ××××核查方法

# ××(单位)计量分队 作业文件

| 核查报告 | 编号：ZY2203-20AA |
| --- | --- |
| | 修改次数：00 |
| | 实施日期：20BB.01.01 |
| | 第 1 页 共 1 页 |

## ××××核查报告

| 核查目的： |
| --- |
| 核查时间： |
| 核查人员： |
| 核查方法： |
| 核查结论：<br><br>日期：<br>技术组负责人： |
| 核查记录： |

# ××(单位)计量分队 作业文件

| 原始记录 | 编号：ZY2301-20AA |
|---|---|
| | 修改次数：00 |
| | 实施日期：20BB.01.01 |
| | 第1页 共2页 |

编号： 共 页 第 页

## 原 始 记 录

| 被检/校件信息 | | | |
|---|---|---|---|
| 送检/校单位 | | 地 址 | |
| 仪器名称 | | 型 号 | |
| 等 级 | | 编 号 | |
| 附 件 | | 制造商 | |
| 测量范围 | | | |

| 标准设备信息 | | | |
|---|---|---|---|
| 名称 | 型号 | 编号 | 有效期限 |
| | | | |
| | | | |
| | | | |
| 依据技术文件 | | | |

| 检定/校准信息 | | | |
|---|---|---|---|
| 检定/校准地点 | | | |
| 环境温度 | | 相对湿度 | |
| 结 论 | | | |
| 检定/校准人 | | 审核人 | |
| 检定/校准日期 | | 年 月 日 | |
| 建议下次检定/校准日期 | | 年 月 日 | |

# ××(单位)计量分队 作业文件

| | |
|---|---|
| **原始记录** | 编号: ZY2301-20AA |
| | 修改次数: 00 |
| | 实施日期: 20BB.01.01 |
| | 第 2 页　共 2 页 |

检定/校准原始记录

(以下空白)

# ××（单位）计量分队 作业文件

| 校准证书 | 编号：ZY2302-20AA |
| --- | --- |
| | 修改次数：00 |
| | 实施日期：20BB. 01. 01 |
| | 第 1 页　共 3 页 |

第　页
共　页

××计量分队

# 校 准 证 书

证书编号：

送校单位：

地　　址：

仪器名称：

型　　号：　　　　　　　　　编号：

制 造 商：

校准人(签字)：　校准日期：　年　月　日

审核人(签字)：

批准人(签字)：　发证单位：(专用章)

地　　址：

联系电话：

传　　真：

邮政编码：

# ××(单位)计量分队 作业文件

| 校准证书 | 编号：ZY2302-20AA |
| --- | --- |
| | 修改次数：00 |
| | 实施日期：20BB.01.01 |
| | 第2页　共3页 |

证书编号：　　　　　　　　　　　　　　　　　　　第　页　共　页

　　本计量室是经由××实验室认可委员会认可的校准和测试实验室，批准文号：××，证书编号：××，有效期至：××年××月××日。

　　本计量室进行的测量可溯源于：国家测量标准。

　　一、本次校准所使用的测量标准

　　名称：

　　测量范围及不确定度：


　　二、本次校准所使用的依据文件


　　三、本次校准时的环境条件

　　温度：　　℃　　　　　　　湿度：　　%

　　其他：


　　注：本证书仅对被校设备有效，未经批准不准部分复印。

# ××（单位）计量分队 作业文件

| 校准证书 | 编号：ZY2302-20AA |
| --- | --- |
| | 修改次数：00 |
| | 实施日期：20BB.01.01 |
| | 第 3 页　共 3 页 |

证书编号：　　　　　　　　　　　　　　　第　页　共　页

# 校 准 结 果

1. 外观及一般工作正常性检查：
2. 

（以下空白）

## ××（单位）计量分队 作业文件

| 检定证书 | 编号：ZY2303-20AA |
| | 修改次数：00 |
| | 实施日期：20BB.01.01 |
| | 第 1 页 共 3 页 |

第 页
共 页

××计量分队

# 检 定 证 书

证书编号：

送检单位：
地　　址：
仪器名称：　　　　　　　　　编号：
型　　号：
制 造 商：

检定结论：

检定人（签字）：　　　　检定日期：　　年　　月　　日
审核人（签字）：　　　　有效期至：　　年　　月　　日

批准人（签字）：　　　　发证单位：（专用章）

地　　址：
联系电话：
传　　真：
邮政编码：

# ××(单位)计量分队 作业文件

| 检定证书 | 编号：ZY2303-20AA |
| --- | --- |
| | 修改次数：00 |
| | 实施日期：20BB.01.01 |
| | 第2页 共3页 |

证书编号：                                   第2页 共3页

本计量室是经由××实验室认可委员会认可的校准和测试实验室，批准文号：××，证书编号：××，有效期至：××年××月××日。

本计量室进行的测量可溯源于：国家测量标准。

一、本次检定所使用的测量标准

名称：

测量范围及不确定度：

二、本次检定所使用的依据文件

三、本次检定时的环境条件

温度：    ℃            湿度：    %

其他：

注：本证书仅对被检设备有效，未经批准不准部分复印。

# ╳╳(单位)计量分队 作业文件

| | |
|---|---|
| **检定证书** | 编号：ZY2303-20AA |
| | 修改次数：00 |
| | 实施日期：20BB.01.01 |
| | 第 3 页　共 3 页 |

证书编号：　　　　　　　　　　　　　　　　第 3 页　共 3 页

# 检 定 结 果

1. 外观及工作正常性检查：
2.

（以下空白）

| ××（单位）计量分队 **作业文件** | |
|---|---|
| 检定结果通知书 | 编号：ZY2304-20AA |
| | 修改次数：00 |
| | 实施日期：20BB.01.01 |
| | 第1页 共3页 |

第 页
共 页

××计量分队

# 检定结果通知书

证书编号：

送检单位：
地　　址：
仪器名称：　　　　　　　　　编号：
型　　号：
制 造 商：

检定结论：

检定人（签字）：　　　　检定日期：　　年　月　日
审核人（签字）：

批准人（签字）：　　　　发证单位：（专用章）

地　　址：
联系电话：
传　　真：
邮政编码：

# ××(单位)计量分队 作业文件

| 检定结果通知书 | 编号：ZY2304-20AA |
| --- | --- |
| | 修改次数：00 |
| | 实施日期：20BB.01.01 |
| | 第2页　共3页 |

证书编号：　　　　　　　　　　　　　　　　　第2页　共3页

　　本计量室是经由××实验室认可委员会认可的校准和测试实验室，批准文号：××，证书编号：××，有效期至：××年××月××日。

　　本计量室进行的测量可溯源于：国家测量标准。

一、本次检定所使用的测量标准

名称：

测量范围及不确定度：

二、本次检定所使用的依据文件

三、本次检定时的环境条件

温度：　　　℃　　　　　　　湿度：　　　%

其他：

注：本证书仅对被检设备有效，未经批准不准部分复印。

# ××（单位）计量分队 作业文件

| 检定结果通知书 | 编号：ZY2304-20AA |
| | 修改次数：00 |
| | 实施日期：20BB.01.01 |
| | 第3页 共3页 |

证书编号：                                     第3页 共3页

# 检 定 结 果

1. 外观及工作正常性检查：
2.

（以下空白）

# ××(单位)计量分队 作业文件

| | |
|---|---|
| 证书的补充件 | 编号：ZY2305-20AA |
| | 修改次数：00 |
| | 实施日期：20BB.01.01 |
| | 第 1 页　共 1 页 |

## 对编号为××号检定或校准证书的补充件

| 序号 | 原证书页码 | 原证书行数 | 原证书内容 | 修正后内容 | 备注 |
|---|---|---|---|---|---|
| | | | | | |
| | | | | | |
| | | | | | |
| | | | | | |
| | | | | | |
| | | | | | |
| | | | | | |
| | | | | | |
| | | | | | |
| | | | | | |

注：本补充件与原证书一并使用方才有效。

××(单位)计量分队
(检定/校准专用章)
年　　月　　日

# ××(单位)计量分队 作业文件

计量印章外出使用记录表

编号：ZY2306-20AA

修改次数：00

实施日期：20BB.01.01

第1页 共1页

## 计量印章外出使用记录表

| 序号 | 印章名称 | 用途 | 借用人 | 借用日期 | 批准人 | 归还日期 | 经办人 | 备注 |
|---|---|---|---|---|---|---|---|---|
| | | | | | | | | |
| | | | | | | | | |
| | | | | | | | | |
| | | | | | | | | |
| | | | | | | | | |
| | | | | | | | | |
| | | | | | | | | |
| | | | | | | | | |
| | | | | | | | | |
| | | | | | | | | |
| | | | | | | | | |
| | | | | | | | | |
| | | | | | | | | |
| | | | | | | | | |
| | | | | | | | | |
| | | | | | | | | |

# 第三编 质量管理体系文件编写实例使用指南

第三编主要讨论如何使用第二编中质量管理体系文件的编写实例。本编分为三章。

第七章为《质量手册》编写实例使用指南。本章主要讨论如何将基层站实际情况与本书第四章内容相结合，使编写的《质量手册》符合基层站实际。

第八章为《程序文件》编写实例使用指南。本章主要讨论如何将基层站实际情况与本书第五章内容相结合，使设计的《程序文件》繁简适宜，能在基层站顺利运行，避免出现体系文件与实际工作脱节的情况。

第九章为《作业文件》编写实例使用指南。本章主要讨论如何将基层站实际情况与本书第六章内容相结合。《作业文件》的选用要与《程序文件》一致，同时结合基层站实际，保留必需的信息要素。本章将对《作业文件》信息的取舍进行讲解。

# 第七章 《质量手册》编写实例使用指南

目前，基层级计量技术机构的规模与组成存在较大的区别。技术能力强的单位，建立了 10 项以上的测量标准，人数可达 10~20 人；功能较为简单的单位，建立了 3~6 项测量标准，人数仅为 3 人。由此可见，各基层级计量技术机构在编写《质量手册》时，会有不同的方式与重点，本章以表格的形式，介绍在使用本书第四章内容时，应注意的问题。

| 序号 | 内容 | 使用指南 | 备注 |
|------|------|----------|------|
| 1 | 大单位公正性声明 | 1. 注意机构与机构所属单位的从属性关系，并加以明确；<br>2. 由机构所在大单位领导签署 | |
| 2 | 机构公正性声明 | 1. 内容可保持不变；<br>2. 由机构负责人签署 | |
| 3 | 机构简介 | 根据机构情况如实填写，主要包括机构现状、承担任务、发展方向等内容 | |
| 4 | 删减说明 | 根据机构情况如实填写，基层站通常没有抽样、测试、分包等内容 | |
| 5 | 组织 | 1. 依据机构自身情况对文字描述内容进行修改；<br>2. 对没有外场计量任务的单位，只需要描述实验室内计量工作；<br>3. 对于 3 人构成的小机构，需要有较多兼职，通常机构负责人兼质量负责人，1 人为计量员兼技术负责人，1 人为计量员兼收发员；<br>4. 小机构无公章的，可以只设置校准/检定专用章；<br>5. 工作平面图标注出恒温面积；<br>6. 小机构不设置管理组与技术组的，删除相关职责的内容；<br>7. 无论机构大小，质量监督员与内审员都必须保留 | |
| 6 | 质量管理体系 | 1. 建议质量管理体系文件保留三个层次；<br>2.《作业文件》也可称为《作业指导书》，根据机构自身情况自行选择；<br>3. 质量方针各机构自行设置，主要针对机构的职能、保障范围、保障目标等内容设计，通常为 2 句或 4 句，每句 2~4 字；<br>4. 质量目标是对质量方针的扩展，以及一些质量指标、技术指标的内容 | |

续表

| 序号 | 内容 | 使用指南 | 备注 |
|---|---|---|---|
| 7 | 文件的控制 | 1. 建议文件管理区分受控文件与技术文件；<br>2. 受控文件为计量与实验室管理使用的技术标准与规范；<br>3. 其余与工作相关的资料等视为技术资料；<br>4. 基层站通常不考虑自编文件的情况 | |
| 8 | 任务的评审 | 1. 基层站的工作主要是指定范围或上级指派，通常不需要考虑任务的评审，无此需求的单位可删除；<br>2. 对于规模较大的基层站，应保留该内容，根据机构是否存在分包情况，修改相关内容 | |
| 9 | 分包 | 1. 基层站通常无该项内容，可删除；<br>2. 如需保留应区分分包与采购的区别 | |
| 10 | 采购 | 1. 基层站应保留采购的内容；<br>2. 采购包括服务采购，例如溯源服务采购 | |
| 11 | 意见的处理 | 1. 基层站应根据实际工作情况确定意见的来源；<br>2. 主要的意见来源包括：上级检查时发现的问题、满意度调查、客户举报反馈、座谈会、现场交流等；<br>3. 对基层站来说检查发现的问题、满意度调查是最常见的途径，其他无关内容可删除 | |
| 12 | 不符合要求的控制 | 直接使用即可 | |
| 13 | 纠正措施 | 1. 明确采取纠正措施的时机；<br>2. 发现不符合的来源包括：质量监督、外部意见、内审 | |
| 14 | 预防措施 | 1. 文件编写者需理解预防措施与纠正措施的区别；<br>2. 发现潜在不符合的来源与发现不符合的来源一样 | |
| 15 | 记录的控制 | 1. 基层站结合实际情况，明确记录的种类；<br>2. 记录的种类要完整，分类上包括技术记录与管理记录；载体上包括纸质记录与电子记录；密级上分为秘密级、内部、公开；<br>3. 不同类别的记录要明确管理办法 | |
| 16 | 内部审核 | 1. 重要章节，须完全保留；<br>2. 内审员资格问题，若暂时无法取得《内审员证》，可更改为经过内审员培训，并考核合格 | |
| 17 | 管理评审 | 1. 重要章节，须保留；<br>2. 对于管审评审的内容，根据需要确定。如没有分包的内容，则管审中删除相应描述 | |
| 18 | 人员 | 1. 人员资质根据取证相关规定制定，不明确的部分，应将范围适当扩大，确保人员能正常开展工作；<br>2. 人员岗位职责，根据需要自行修改；<br>3. 技术档案要求，根据需要自行修改 | |

续表

| 序号 | 内容 | 使用指南 | 备注 |
|------|------|---------|------|
| 19 | 设施与环境 | 1. 基层站设施与环境的范围根据实际情况确定，如没有屏蔽、避光条件，则删除相应内容；<br>2. 若没有外场服务情况，则删除相应内容；<br>3. 《实验室内务管理制度》根据需要自行修改 | |
| 20 | 校准或检定方法及其确认 | 1. 对于没有专测计量保障任务的基层站，不涉及非标方法的评审，可以删除相关内容；<br>2. 基层站主要使用国家发布的计量技术规程或规范，对于使用顺序中无关的内容可删除 | |
| 21 | 设备 | 1. 基层站无外场计量保障工作的，可删除相关内容；<br>2. 若无修正因子和校准软件的情况，可删除相应内容 | |
| 22 | 测量溯源性 | 1. 基层站计量标准设备数量不大，可根据实际溯源工作，直接明确溯源单位；<br>2. 若没有能力比对的情况，可删除相应内容 | |
| 23 | 被校件或被检件的处置 | 直接使用即可 | |
| 24 | 校准或检定结果的质量保证 | 直接使用即可 | |
| 25 | 结果的报告 | 1. 根据实验室情况确定内容，如没有分包，则删除相关内容；<br>2. 证书签字可使用电子签名，根据实际情况修改 | |

注：对于某些最小规模计量技术机构（即专职人员仅 3 人），可简化质量管理体系的相关内容，如不符合要求的控制、纠正措施、预防措施、内审、管审章节可合并为自查与纠正，简化相关流程；文件的控制与记录的控制可合并；分包与采购可合并。

# 第八章 《程序文件》编写实例使用指南

从内容上看，《程序文件》是《质量手册》的细节化、流程化。基层站在编制《程序文件》时，主要是根据《质量手册》的内容，进一步扩展其内容，编写具有一致性、适应性的《程序文件》。本章以表格的形式，介绍在使用本书第五章内容时，应注意的问题。

| 序号 | 内容 | 使用指南 | 备注 |
|---|---|---|---|
| 1 | 质量监督制度 | 1. 质量监督的频率可根据基层站工作实际制定。如基层站为没有编制的临时性机构，且工作开展的周期性明确，则可以在每一个工作周期开始前、进行中进行各要素的质量监督；<br>2. 仅有 3 人的小单位，通常由质量负责人与技术负责人互相监督对方工作 | |
| 2 | 质量方针和质量目标控制程序 | 1. 质量目标的设置各机构自行确定，第五章相关内容仅为参考；<br>2. 各种指标的公式应尽可能按照国家上级发布的文件执行，自行设置的指标务必保证合理性、正确性；<br>3. 对公式含义容易产生歧义的，应在程序文件中加以说明 | |
| 3 | 文件的控制程序 | 1. 封面内容可根据实际取舍，可编写为 1 人，校对与批准为 1 人；<br>2. 文件版本号可自定；<br>3. 子文件编号可自定；<br>4. 受控文件规则可自定；<br>5. 小型基层站可将计量标准技术资料定为受控文件，不再设置技术资料；但技术资料较多的单位，建议将技术资料单独管理 | |
| 4 | 实验室保密管理规定 | 1. 保密相关审批权限根据基层站情况自行修改；<br>2. 若无软件相关内容，则删除 | |
| 5 | 要求、委托书及合同的评审程序 | 1. 委托方的期望未必从《业务委托单》体现，也可能从双方的沟通中体现，根据实际情况确定；<br>2. 若无分包情况，则删除相关内容 | |
| 6 | 偏离的控制程序 | 直接使用即可 | |

续表

| 序号 | 内容 | 使用指南 | 备注 |
|------|------|----------|------|
| 7 | 分包程序 | 1. 如存在该情况，直接使用即可；<br>2. 如无该情况，可完全删除 | |
| 8 | 服务和供应品的采购程序 | 1. 总体可直接使用；<br>2. 关于供应品采购部分，根据实际情况删减 | |
| 9 | 对委托方的服务程序 | 直接使用即可 | |
| 10 | 意见的处理程序 | 直接使用即可 | |
| 11 | 不符合要求的控制程序 | 直接使用即可 | |
| 12 | 纠正措施控制程序 | 直接使用即可 | |
| 13 | 预防措施控制程序 | 直接使用即可 | |
| 14 | 记录的控制程序 | 1. 记录中应明确完整的记录种类，对无关内容可删除；<br>2. 记录编号规则可自行确定；<br>3. 记录的销毁审批级别，根据实际情况确定；<br>4. 记录名称代码可自定 | |
| 15 | 内部审核程序 | 1. 内审时机；<br>2. 内审报告代码可自行确定 | |
| 16 | 管理评审程序 | 1. 管审输入内容根据实际情况确定；<br>2. 内审报告代码可自行确定 | |
| 17 | 人员管理程序 | 1. 持证的资质根据实际情况确定；<br>2. 培训管理相关内容，根据实际情况进行删减 | |
| 18 | 实验室设施和环境条件的控制程序 | 1. 设施的内容根据机构情况删减；<br>2. 对于环境条件的监控，各单位可根据实际情况确定，删除无关内容 | |
| 19 | 实验室内务管理制度 | 直接使用即可 | |
| 20 | 测量不确定度评定程序 | 1. 直接使用即可；<br>2. 测量不确定度评定的内容很复杂，但示例是从总体评定步骤的角度加以描述，可进一步扩展 | |
| 21 | 校准或检定程序 | 1. 直接使用即可；<br>2. 若单位本身工作均为检定，则可以删除校准相关内容 | |
| 22 | 校准、检定方法控制程序 | 1. 直接使用即可；<br>2. 若不存在非标方法编写问题，则可以删除校准相关内容 | |
| 23 | 非标准方法的选用、编制和评审程序 | 1. 若需编制或使用非标准方法，则保留本文件；<br>2. 若不需使用非标准方法，则完全删除 | |
| 24 | 外场计量保障管理规定 | 1. 若存在外场计量保障，则保留本文件；<br>2. 若不需开展外场计量保障，则完全删除 | |

续表

| 序号 | 内容 | 使用指南 | 备注 |
|---|---|---|---|
| 25 | 测量标准控制管理规定 | 直接使用即可 | |
| 26 | 设备标识规定 | 直接使用即可 | |
| 27 | 测量标准溯源程序 | 直接使用即可 | |
| 28 | 计量确认程序 | 1. 本程序文件内容较为复杂，对规模较小的基层站来说重点关注1~3的内容；<br>2. 4~5相关内容，根据实际情况删减 | |
| 29 | 被校件或被检件的处置程序 | 1. 总体上可直接使用；<br>2.《业务委托单》可自行设计；<br>3. 工作周期可自行确定 | |
| 30 | 校准或检定结果质量控制程序 | 直接使用即可 | |
| 31 | 测量标准核查方法 | 1. 核查方法有很多种，本书介绍了效果最好、操作最复杂的基于控制图的方法，可直接使用；<br>2. 基层站可根据机构技术能力，选择其他方法 | |
| 32 | 证书的编写规定 | 1. 总体直接使用即可；<br>2. 若无校准工作，则删除校准证书相关内容；<br>3. 证书编号可自行设计，外场工作与实验室工作可不加以区分；<br>4. 建议不同标准的证书单独编号 | |
| 33 | 证书的管理规定 | 直接使用即可 | |
| 34 | 计量印章管理规定 | 1. 总体可直接使用；<br>2. 基层站无公章的删除相关内容 | |

　　注：对于某些最小规模计量技术机构(即专职人员仅3人)，若《质量手册》相关内容合并，则《程序文件》也应进行对应的合并与修改。

# 第九章 《作业文件》编写实例使用指南

《作业文件》是支撑质量管理体系运行的各种记录的规范化格式模板，本书第六章所示模板，在保留其要素的情况下，格式只要统一规范即可。本章以表格的形式，介绍在对本书第六章中相关记录模板使用和取舍时，应注意的问题。

| 序号 | 内容 | 使用指南 | 备注 |
|---|---|---|---|
| 1 | 质量监督记录表 | 1. 使用时机：开展质量监督时，每个季度每个部门至少应进行一次；<br>2. 对于规模较小的基层站，至少应对管理工作和技术工作分别进行质量监督；<br>3. 本表填写注意简洁明了，以事实为依据，不要随意推测原因 | |
| 2 | 质量目标考核记录表 | 1. 使用时机：每季度一次，半年、年底分别进行一次汇总，作为管审输入；<br>2. 表格中的内容，依据《程序文件》进行调整 | |
| 3 | 现行受控文件清单 | 1. 使用时机：建立台账、更新台账时；<br>2. 对于规模较小的基层站，若集中管理则可删除"所属部门"；<br>3. "发放日期""版次"自行取舍 | |
| 4 | 文件更改记录单 | 1. 使用时机：修改体系文件时；<br>2. 审批权限根据实际情况确定，质量负责人与实验室最高领导均可 | |
| 5 | 文件发放记录表 | 1. 使用时机：体系文件发放时使用；<br>2. 规模较小的基层站，可删除此表 | |
| 6 | 文件回收记录表 | 1. 使用时机：文件换版时使用；<br>2. 规模较小的基层站，可删除此表；<br>3. 注意文件的发放、回收，也可改为《文件管理记录表》将发放、回收的内容置于同一张表内 | |
| 7 | 文件(资料)借阅登记表 | 1. 使用时机：借阅文件时；<br>2. 规模较小的基层站可删除"借阅人"一列，再将"经办人"改为"借阅人" | |

续表

| 序号 | 内容 | 使用指南 | 备注 |
|---|---|---|---|
| 8 | 文件复制记录表 | 1. 使用时机：复制文件时，主要是复制后上交上级部门；<br>2. 规模较小的基层站，可删除此表；<br>3. 也可以统一编制《文件管理记录表》，记录复制信息 | |
| 9 | 文件销毁记录表 | 1. 使用时机：销毁文件时，通常是实验室运行多年后；<br>2. 规模较小的基层站，可删除此表；<br>3. 也可以统一编制《文件管理记录表》，记录销毁信息 | |
| 10 | 校准或检定软件评审表 | 1. 使用时机：对计量软件进行评审时；<br>2. 无相关工作可删除此表 | |
| 11 | 要求、委托书及合同的评审记录表 | 1. 使用时机：计量保障工作开展前；<br>2. 对于规模较小的基层站，有可能工作的内容是固定的，在完成首次评审后，若工作内容不发生变化，可简化评审程序，直接由实验室主任签署审批意见 | |
| 12 | 偏离情况评审表 | 1. 使用时机：发现偏离时；<br>2. 此表直接使用即可 | |
| 13 | 分包方评审记录表 | 1. 使用时机：分包方资质评审时；<br>2. 若基层站无此事项，可删除此表 | |
| 14 | 合格分包方名录 | 1. 使用时机：分包方评审完成后；<br>2. 若基层站无此事项，可删除此表 | |
| 15 | 分包设备校准、检定结果确认表 | 1. 使用时机：分包工作结束后；<br>2. 若基层站无此事项，可删除此表 | |
| 16 | 外部服务评审记录表 | 1. 使用时机：需采购外部服务前，进行评审时；<br>2. 此表直接使用即可 | |
| 17 | 合格供方名录 | 1. 使用时机：外部服务评审完成后；<br>2. 此表直接使用即可 | |
| 18 | 计量保障满意度调查表 | 1. 使用时机：完成计量保障，对委托方满意度进行调查时；<br>2. 此表直接使用即可，是管审输入之一 | |
| 19 | 意见处理登记表 | 1. 使用时机：接收到委托方意见或上级检查意见时；<br>2. 此表直接使用即可，是管审输入之一 | |
| 20 | 不符合要求情况报告表 | 1. 使用时机：对不符合情况进行处置时；<br>2. 此表直接使用即可，年度汇总后是管审输入之一 | |
| 21 | 纠正措施记录表 | 1. 使用时机：对不符合项进行处置时；<br>2. 此表直接使用即可，年度汇总后是管审输入之一 | |
| 22 | 预防措施记录表 | 1. 使用时机：对不符合趋势进行处置时；<br>2. 此表直接使用即可，年度汇总后是管审输入之一 | |

续表

| 序号 | 内容 | 使用指南 | 备注 |
|---|---|---|---|
| 23 | 内部审核计划表 | 1. 使用时机：开展内审时；<br>2. 此表直接使用即可，是管审输入之一 | |
| 24 | 内部审核实施方案 | | |
| 25 | 内部审核现场检查表 | | |
| 26 | 内部审核报告 | | |
| 27 | 内部审核___次会议人员签到表 | | |
| 28 | 不符合项报告 | | |
| 29 | 管理评审计划表 | 1. 使用时机：开展管审时；<br>2. 此表直接使用即可 | |
| 30 | 管理评审记录 | | |
| 31 | 管理评审报告 | | |
| 32 | 内训实施记录表 | 1. 使用时机：开展授课时，包括内训、实验室对外部开展的培训；<br>2. 此表直接使用即可 | |
| 33 | 培训计划表 | 1. 使用时机：年度制定年度训练计划时，包括内训与外训；<br>2. 此表直接使用即可 | |
| 34 | 外训记录表 | 1. 使用时机：外训工作完成时；<br>2. 此表直接使用即可 | |
| 35 | 考核记录表 | 1. 使用时机：内外训完成考核后；<br>2. 此表直接使用即可 | |
| 36 | 外训总结 | 1. 使用时机：外训完成后，参与外训的人员填写；<br>2. 此表直接使用即可 | |
| 37 | 人员技术档案 | 1. 使用时机：创建人员技术档案时，人员档案更新时；<br>2. 此表直接使用即可 | |
| 38 | 实验室人员一览表 | 1. 使用时机：机构成立时，人员变动时；<br>2. 此表直接使用即可 | |
| 39 | 实验室温湿度记录表 | 1. 使用时机：实验室环境条件监控；<br>2. 此表直接使用即可，也可根据需要增加对电源、接地的监控 | |
| 40 | 非标准方法评审记录表 | 1. 使用时机：非标准方法评审时；<br>2. 此表直接使用即可；<br>3. 若无相关事项，此表可删除 | |

| 序号 | 内容 | 使用指南 | 备注 |
|---|---|---|---|
| 41 | 测量标准技术状态确认记录表 | 1. 使用时机：测量标准离开实验室返回后；<br>2. 此表直接使用即可 | |
| 42 | 校准方法 | 1. 使用时机：自编校准方法模板；<br>2. 此模板可自行设计 | |
| 43 | 作业指导书 | 1. 使用时机：自编作业指导书模板；<br>2. 此模板可自行设计 | |
| 44 | 测量标准装置及其配套设备一览表 | 1. 使用时机：建立测量标准时，实验室归档材料；<br>2. 此模板可直接使用 | |
| 45 | 设备状态标识样品 | 1. 使用时机：合格证、限用证、停用证样品；<br>2. 此模板可直接使用 | |
| 46 | 设备借用登记表 | 1. 使用时机：设备外借给其他单位时；<br>2. 此模板可直接使用；<br>3. 若无该事项，可删除 | |
| 47 | 设备封存审批单 | 1. 使用时机：设备封存时；<br>2. 此模板可直接使用；<br>3. 根据各单位审批权限，对审批部门进行修改 | |
| 48 | 溯源计划表 | 1. 使用时机：年初制订溯源计划时；<br>2. 此模板可直接使用 | |
| 49 | 溯源结果确认表 | 1. 使用时机：溯源完成后；<br>2. 此模板可直接使用 | |
| 50 | 计量确认记录表 | 1. 使用时机：开展计量确认工作时；<br>2. 此模板可直接使用；<br>3. 规模较小的基层站，可不开展此项工作，删除该文件 | |
| 51 | 计量业务委托单 | 1. 使用时机：开展计量保障，交接时；<br>2. 此模板可直接使用 | |
| 52 | 核查方法评审表 | 1. 使用时机：进行核查方法评审时；<br>2. 此模板可直接使用 | |
| 53 | 核查方法 | 1. 使用时机：自编核查方法模板；<br>2. 此模板可自行设计 | |
| 54 | 核查报告 | 1. 使用时机：出具核查报告时；<br>2. 此模板可直接使用 | |

| 序号 | 内容 | 使用指南 | 备注 |
|---|---|---|---|
| 55 | 原始记录 | 1. 使用时机：开展计量保障工作时；<br>2. 此模板可自行设计 | |
| 56 | 校准证书 | | |
| 57 | 检定证书 | | |
| 58 | 检定结果通知书 | | |
| 59 | 证书的补充件 | 1. 使用时机：证书需要更正时；<br>2. 此模板可直接使用 | |
| 60 | 计量印章外出使用记录表 | 1. 使用时机：执行外场计量保障任务时；<br>2. 此模板可直接使用；<br>3. 若不存在外场计量保障工作的情况，可删除此文件 | |

注：对于某些最小规模计量技术机构(即专职人员仅 3 人)，若《质量手册》相关内容合并，则《作业文件》也应进行对应的合并与修改。例如《质量监督记录》《不符合要求情况报告表》《纠正措施记录表》《预防措施记录表》相关表格内容可进行整合；文件管理相关作业文件也可整合为一张表，实现文件的全寿命管理控制。

# 参 考 文 献

［1］陆渭林．ISO/IEC 17025：2017《检测和校准实验室能力的通用要求》理解与实施［M］．
北京：机械工业出版社，2020.

［2］马向阳，李建荣．测试校准实验室质量管理体系文件［M］．北京：中国计量出版
社，2005.

［3］全国认证认可标准化技术委员会．GB/T 17025—2019 检测和校准实验室能力的通用要
求［S］．北京：国家市场监督管理总局，国家标准化管理委员会，2019.

［4］程延礼，黄运来，赖平．控制图法在标准核查中的选择［J］．计量与测试技术，2019，
46（7）：86-88.

［5］NELSON L S．The Shewart $\bar{X}$ control chart［J］．Journal of Quality Technology，1985，17
（2）：114-116.